Cay von Fournier

HIDDEN CHAMPIONS DES MITTELSTANDS

MIT SYMPATHIE ZUR EXZELLENZ

Für mein sympathisches
SchmidtColleg-Team

„Die ‚Hidden Champions des Mittelstands‘
sind erfolgreiche und
sympathische Unternehmen.“

Cay von Fournier

VORWORT VON PROF. DR. DR. H. C. MULT. HERMANN SIMON

Unternehmensberater, Wirtschaftsprofessor und Bestseller-Autor

Wie wichtig mittelständische Unternehmen für die deutsche Wirtschaft sind, ist hinlänglich bekannt. Sie vereinen auf sich mehr als die Hälfte der Wertschöpfung in unserem Land, stellen fast 60 % aller Arbeitsplätze und gut 80 % aller Ausbildungsplätze in Deutschland zur Verfügung. Sie sind häufig Weltmarktführer in ihrem Bereich und stehen für Werte wie Qualität, Präzision und Innovation.

Trotz dieser beeindruckenden Fakten sind diese Unternehmen selten außerhalb ihrer Branche und Region bekannt. Der Grund dafür ist gleichzeitig einer ihrer Erfolgsschlüssel: Sie fokussieren sich auf enge Märkte und schaffen durch Tiefe einzigartige Produkte. Die Fokussierung macht nationale Märkte jedoch klein. Um dafür einen Ausgleich zu schaffen, setzen diese Unternehmen häufig auf Internationalisierung und Globalisierung, den zweiten Schlüssel ihres Erfolgs. So gehört zum Beispiel das in diesem Buch beschriebene Unternehmen GC-heat aus dem nordrhein-westfälischen Waldbröl zu den weltweit führenden Anbietern elektrischer Heizelemente für die unterschiedlichsten Anwendungen in der Industrie.

Diesen besonderen Unternehmen mehr Aufmerksamkeit zu verschaffen, ist das Ziel des vorliegenden Buches „Hidden Champions des Mittelstands". Dr. Dr. Cay von Fournier erweitert meine ursprüngliche Definition von „Hidden Champions" und misst den Eigenschaften „Sympathie" und „Exzellenz" einen besonderen Stellenwert zu. Es ist aber nicht zwingend, Weltmarktführer oder global tätig zu sein, um tagtäglich sympathische und exzellente Momente für Kunden zu schaffen. Die meisten der in diesem Buch beschriebenen Unternehmen sind nicht international aufgestellt, sie gehören jedoch deutschlandweit oder in ihrer Region zu den Besten. Zum Beispiel wird der Einkaufsmarkt REWE Wintgens ziemlich sicher niemals Weltmarktführer – trotz allem gehört er zu den besten Supermärkten in Deutschland und ist ein „Hidden Champion" in seiner Region. Inhaberin Ursula Wintgens und ihr Team versuchen jeden Tag, einzigartige Einkaufserlebnisse für ihre Kunden zu schaffen.

Mit seinem „Modell des sympathischen Unternehmens" entwickelt Dr. Dr. Cay von Fournier einen innovativen Ansatz, um Unternehmen anhand sogenannter weicher Faktoren zu bewerten. Grundlage für eine sympathische Ausstrahlung des Unternehmens sind in jedem Fall die Mitarbeiter, die mit ihrem Verhalten oder mit überraschenden Service-Elementen die Kunden und Geschäftspartner in positiver Weise verblüffen und für das Unternehmen begeistern. Diese Wirkung reicht soweit, dass Menschen den Wunsch haben, in diesem Unternehmen arbeiten zu dürfen.

Neben vielen anderen Dingen haben die in diesem Buch beschriebenen Unternehmer eine Gemeinsamkeit: Die Mitarbeiterorientierung ist bei allen sehr ausgeprägt. So ermöglicht zum Beispiel die Firma Star Finanz-Software Entwicklung und Vertriebs GmbH ihren Mitarbeitern vielerlei individuelle Elternzeit-Regelungen, die Arbeit im Homeoffice oder erlaubt ihnen, den Hund mit ins Büro zu bringen. Eine lukrative betriebliche Altersvorsorge und regelmäßige Team-Events gibt es obendrauf.

Freuen Sie sich bei der Lektüre auf vielerlei Inspirationen aus dem Alltag von Unternehmen, die in ihrer Branche hervorragende Leistungen erbringen und für die Eigenschaften wie „Sympathie" und „Exzellenz" keinen Gegensatz darstellen, sondern Hand in Hand gehen.

Hermann Simon

Prof. Dr. Dr. h. c. mult. Hermann Simon ist Gründer und Honorary Chairman der weltweit tätigen Unternehmensberatung Simon + Kucher & Partners (simon-kucher.de). Auf der Internetplattform managementdenker.de wird er seit 2005 zu einem der einflussreichsten, lebenden Managementdenker Deutschlands gewählt. Zu seinen mehr als 30 Buchveröffentlichungen zählt der Weltbestseller „Hidden Champions – Aufbruch nach Globalia", der in 26 Sprachen erschien. Twitter: @HermannSimon

VORWORT VON DR. DR. CAY VON FOURNIER

Business-Coach, Querdenker, Arzt und Unternehmer

Dies ist der vierte Band unserer Reihe über außergewöhnliche Unternehmen und deren Anwendung von UnternehmerEnergie. In allen Büchern wurde deutlich gemacht, um welchen Bewusstseinswandel es bei der Anwendung von UnternehmerEnergie geht: Es geht um sehr gute Unternehmen, die auf dem Weg sind, noch besser zu werden. Dabei fällt auf, dass diese Unternehmen einiges gemeinsam haben – unter anderem eine sehr gute Positionierung in ihrer Branche und/oder ihrer Region. In vielen Bereichen gehören sie zu den Besten, ohne dass sie selbst es so formulieren würden.

Andererseits habe ich bereits Rankings gesehen, in denen Firmen zu finden sind, die bei näherer Betrachtung nicht dort hineingehören. Das ist die Krux mit jedem Benchmark, Ranking und letztlich auch mit jedem Preis. Die Gefahr ist groß, dass Schein und Sein nicht zusammenpassen. Mit unserer Buchreihe möchten wir Unternehmern, die auf der Suche nach Beispielen für gute Unternehmensführung sind, praktisch orientierte Inspirationen liefern, um selbst kreativ und motivierend zu führen. Alle Unternehmen, die in diesem Buch vorgestellt werden, haben die Umsetzung von UnternehmerEnergie, einem an Werten und dem Menschen orientierten Managementmodell, gemeinsam. Sie können alle besucht werden und stehen einem Austausch sehr offen gegenüber.

Nicht alle guten Unternehmen wollen in das Rampenlicht der Medien und deshalb bilden diese Bücher eine ganz besondere Plattform innerhalb des Kundenkreises von SchmidtColleg. Die freundschaftliche Verbundenheit mit Hermann Simon, der sich wie kein Zweiter mit dem Wesen von „Hidden Champions" beschäftigt hat, führte stets zu einem Vorwort seinerseits. Nach seiner Definition sind das die Unternehmen, die auf dem Weltmarkt auf Platz 1 oder 2 stehen. Auch in unserem Kundenkreis haben wir „Hidden Champions" und am Beispiel der Firma Carl Stahl wurde ein solches Unternehmen bereits in dem Doppelband „Exzellente Unternehmen" beschrieben. An dieser Stelle möchte ich den Fokus aber auf eine andere Art von „Hidden Champions" richten: Nämlich auf die vielen kleinen und mittleren Unternehmen, die in ihrer Branche oder Region Spitzenleistungen erbringen. Es ist eine individuelle und sicherlich subjektive Auswahl meinerseits und die Leser entscheiden, wie viele positive Impulse ihnen die hier beschriebenen Unternehmen geben.

In guter Tradition habe ich mein einleitendes Kapitel einem Thema gewidmet, das meiner Meinung nach hochaktuell ist, jedoch in der Managementliteratur bisher kaum Beachtung gefunden hat: Sympathie.

Nicht jedes sympathische Unternehmen ist automatisch ein „Hidden Champion", aber jeder „Hidden Champion" ist in der Regel auch sympathisch in dem Sinne, wie die Eigenschaften von sympathischen Unternehmen in diesem Buch definiert werden. Die „Hidden Champions des Mittelstands" haben einen besonderen Wert. Sie sind sympathisch.

Viel Freude und zahlreiche Impulse auf Ihrem Weg zu einem „Hidden Champion" des Mittelstands und zu Ihrer eigenen Sympathie.

Ihr

Cay von Fournier
Frühjahr 2017

TEIL I

DAS SYMPATHISCHE UNTERNEHMEN

„Den größten Baustein, der den Sympathie-Wert eines Unternehmens prägt, bilden die Menschen im Hintergrund, die jeden Tag einfach ‚nur' eine sehr gute Arbeit machen."

Cay von Fournier

Der Weg zu einem erfolgreichen Unternehmen ist theoretisch relativ einfach. Allerdings fällt die Umsetzung vielen schwer. Daher soll dieses Buch auch dabei helfen, den Blick wieder auf das Wesentliche zu richten. Wenn die Faktoren beachtet werden, die ein sympathisches Unternehmen auszeichnen, dann sind die Aussichten auf zukünftige Erfolge sehr gut.

Die aktuelle Managementliteratur ist geprägt von vielen „neuen" Konzepten: Glückliche Menschen im Unternehmen, die tägliche Achtsamkeit, das „gekonnte Scheitern", das Dauerthema „Nachhaltigkeit", die „Digitale Transformation" und „Disruption" und vieles mehr (wobei diese Themen auch schon seit Jahren besonders in Erscheinung treten, jedoch jetzt eine sehr schnelle Veränderung in Unternehmen notwendig machen). Das Motto scheint zu lauten: Je schriller die Idee, desto besser erscheint ihre Wirksamkeit. Dem ist leider nicht so, denn durch Modeerscheinungen im Management geraten die ganz grundsätzlichen Faktoren eines guten, gesunden und erfolgreichen Unternehmens in Vergessenheit. Dieses Buch soll dazu beitragen, dass Unternehmen nicht auf die Modeerscheinungen eines um sich greifenden „Business-Theaters" hereinfallen oder sich in diesem verzetteln.

Das „Sympathie-Modell" nach UnternehmerEnergie, das hier neu vorgestellt wird, beschreibt insgesamt 12 Erfolgsfaktoren, die ein Unternehmen für Kunden und Mitarbeiter attraktiv und sympathisch machen. Die Struktur entspricht dem System UnternehmerEnergie.

Die aktuellen Skandale von Unternehmen in der deutschen Wirtschaft lassen nicht nur die Sympathie dieser Unternehmen stark leiden, sondern auch das gesamte Image der Wirtschaft. Die Zahlen eines großen DAX-Unternehmens, das offen betrügt, mögen kurzfristig gut bleiben, aber langfristig wird es bergab gehen, was ja bereits passiert. Die meisten Unternehmen bekennen sich zu Nachhaltigkeit und Fairness – kein Mensch würde öffentlich zugeben, dass er seine Kunden, den Staat oder die Gesellschaft betrügt. Das heißt aber nicht, dass dies nicht trotzdem geschieht. Die kurzfristigen „Modelle des Erfolgs" verlieren ihre Wirksamkeit. Es geht um eine Neuerfindung des Erfolgs.

Mit diesem „Sympathie-Modell" möchte ich ganz bewusst einen Gegenentwurf zu der oft gängigen Oberflächlichkeit anbieten. So viele gute Unternehmen und Kunden des SchmidtCollegs beweisen jeden Tag, dass es auch anders geht. Von diesen sympathischen Unternehmen möchte ich erzählen, es sind die vielen „Hidden Champions", die jeden Tag ihre Mitarbeiter ebenso begeistern wie ihre Kunden.

Unterhält man sich mit den Mitarbeitern eines „normalen" deutschen Unternehmens, hört man häufig Sätze wie:

„Es wäre schön, ...

... informiert zu sein."

... wenn wir Standards hätten, an die sich jeder hält."

wenn der Chef einmal Zeit hätte und sich in der Produktion blicken ließe."

... wenn wir einmal ganz normal unsere Arbeit machen könnten, ohne dass immer eine neue Sau durchs Dorf getrieben wird."

... wenn wir wüssten, was die Ziele des Unternehmens sind."

Von Lieferanten hört man oft:

„Es wäre schön, ...

... wenn man sich an Absprachen halten würde."

... wenn nicht alles so kompliziert wäre und scheinbar noch komplizierter gemacht wird, als es ohnehin schon ist."

... wenn die Rechnungen pünktlich bezahlt werden würden."

Und viele Erfahrungen können wir selbst in unserer Rolle als Kunde teilen:

„Es wäre schön, ...

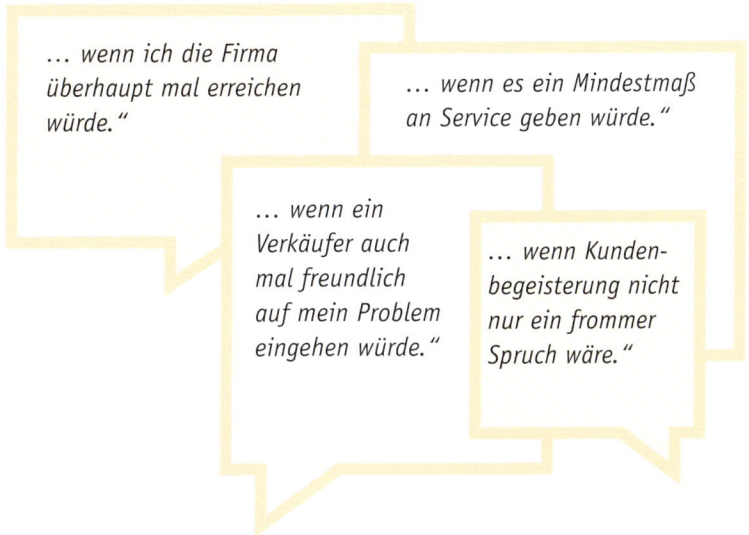

... wenn ich die Firma überhaupt mal erreichen würde."

... wenn es ein Mindestmaß an Service geben würde."

... wenn ein Verkäufer auch mal freundlich auf mein Problem eingehen würde."

... wenn Kundenbegeisterung nicht nur ein frommer Spruch wäre."

Wir alle machen täglich solche Erfahrungen. Viele Unternehmen haben große Schwierigkeiten mit der Umsetzung offensichtlicher Erkenntnisse für die gute Motivation ihrer Mitarbeiter und für die Begeisterung ihrer Kunden.

Was ist los im Management? Braucht es eine neue, bahnbrechende Methode? Diese Frage ist durchaus berechtigt. Das Schöne an meinem Beruf ist es, viele gute und erfolgreiche Unternehmen zu kennen. Ich nenne diese gerne die „exzellenten Unternehmen". Der Großteil wendet unser Führungssystem UnternehmerEnergie an, das es seit mehr als 30 Jahren auf dem Markt gibt. Es ist ein „Corporate Excellence System", das in tausenden von Unternehmen bereits ein neues Wertebewusstsein geschaffen hat und den Unternehmern einfache Methoden und praktische Werkzeuge zur Verfügung stellt. Viele von diesen Unternehmen sind zu „Hidden Champions des Mittelstands" geworden. Diesen Titel dürfen wir in Absprache mit Hermann Simon verwenden, der „Hidden Champions" als echte Weltmarktführer beschreibt. Auch unter den

Unternehmen, für die SchmidtColleg tätig sein darf, sind einige Weltmarktführer. Der Großteil aber ist führend in seiner Branche, auf dem deutschspra-
chigen Markt oder in seiner Region. Es gibt viele, mit denen man gerne zusammenarbeitet. Dann fallen Sätze wie: „Die Zusammenarbeit macht einfach Spaß",
„Es ist einfach, mit denen zu arbeiten", „Hier halten sich alle an Verein-
barungen", „Die Stimmung im Unternehmen ist großartig" oder „Hier spüren
wir, dass der Kunde wirklich noch König ist".

Es gibt sie, die sympathischen Unternehmen, die jeden Tag einfach eine gute
Arbeit abliefern und sich eher mit ihren Kunden beschäftigen, als jedem neuen
Trend hinterherzujagen. Und genau darum geht es mir in diesem Buch. Für
einen langfristigen Erfolg sind viele einfache Faktoren verantwortlich, die in
der Wahrnehmung oft zu kurz kommen oder als selbstverständlich angesehen
werden, auch wenn sie das nicht sind. Sie bilden das Fundament der Exzellenz.
In der harten Wirtschaftsrealität geht es heute noch stärker als früher um
Macht und Einfluss. Alles dreht sich um die Quartalszahlen und den Börsen-
kurs. Kurz: Es geht bei vielen Unternehmen immer noch ausschließlich um
den Gewinn. Dabei profitieren leider oft die „unanständigen" Unternehmen – zumindest so lange, bis sie auffliegen und vor den Augen der Öffentlichkeit ein Skandal nach dem anderen ans Licht kommt. Dieses Vorgehen
gefährdet unsere Gesellschaft als Ganzes, denn das gute Image, das anstän-
dige Unternehmen haben, fällt einer immer größer werdenden Skepsis zum
Opfer. Wir müssen uns zurückbesinnen auf Werte wie Verantwortung oder auch
auf das Vorbild des „ehrbaren Kaufmanns". Gelebte Werte führen zu einem
stimmigen und sympathischen Unternehmen, das soziale Verantwortung trägt.

Den größten Baustein, der den Sympathie-Wert eines Unternehmens prägt,
bilden die Menschen im Hintergrund, die jeden Tag einfach „nur" eine sehr
gute Arbeit machen. Sinnbildlich für SchmidtColleg ist es zum Beispiel mein
lieber Kollege Hilmar Wollner, der seit 31 Jahren die Geschicke des Unternehmens lenkt. Nach außen ist er „nur" Prokurist. Mehr möchte er auch gar
nicht sein. Er macht jeden Tag eine ausgezeichnete Arbeit und ist bei all
unseren Partnern, Kunden und Mitarbeitern beliebt. Das ist vielleicht

unspektakulär, aber ganz sicher sehr sympathisch. So wie Hilmar arbeitet, sollten für mich Unternehmen sein. Und die sympathischen Unternehmen arbeiten auch so. Sie lieben die leisen Töne, zelebrieren sich nicht in der Öffentlichkeit und kümmern sich viel lieber um ihre Kunden. Der Betrieb und auch der Erfolg solcher Unternehmen erscheint spielerisch. Auch daran erkennt man sympathische Unternehmen: Sie scheinen spielerisch erfolgreich zu sein. Die Gründe dafür lassen sich gut beschreiben. Es geht um Einfachheit, Zuverlässigkeit und die beständig gute Arbeit. Derzeit gibt es zu viel „Business-Theater" und manch ein Schauspieler auf dieser Bühne meint, mit schrillen und spektakulären Themen die Welt neu zu erfinden. Diese Praxis führt uns immer wieder zurück zu dem Punkt, an dem Unternehmen gut beraten sind, ihr Fundament der guten Arbeit auszubauen. Dabei habe ich auch das Unternehmen im Kopf, das Hermann Simon mitbegründet hat, Simon + Kucher & Partners. Es ist ein sehr sympathisches und gleichzeitig extrem erfolgreiches Unternehmen. Eigenschaften wie „souverän" und „strukturiert" fallen mir in diesem Zusammenhang ebenso schnell ein wie „stark", „stimmig", „schnell" und „spannend".

Während der Vorbereitung des Themas „Sympathie" fiel mir ein Buch von Michael Hammer in die Hände, das ich vor vielen Jahren gelesen habe. Es trägt den treffenden Titel „Business back to basics" und weist auf viele Selbstverständlichkeiten hin:

„Machen Sie Teamarbeit und Kooperation unter Managern zur Regel statt zur Ausnahme." / „Erziehen Sie Ihre Manager dazu, dass sie den Erfordernissen des Gesamtunternehmens höchste Priorität einräumen." / „Ersetzen Sie formale Strukturen durch inspirierende Führung." / „Stellen Sie sicher, dass jeder in der Gemeinschaft das tut, was er am besten kann." / „Stehen Sie entschlossen zu Disziplin und Teamarbeit." / „Schaffen Sie eine Kultur der Teamarbeit und der gemeinsam getragenen Verantwortung." / „Schaffen Sie ein prozessfreundliches Unternehmen." / „Orientieren Sie sich bei der Preisgestaltung an Wert statt an Kosten." / „Denken Sie von sich selbst als einem Anbieter von Lösungen, nicht von Produkten und Dienstleistungen."

Diese Beispiele machen deutlich, dass es bei guter Literatur über Management und Führung auch darum geht, die Menschen in einem Unternehmen immer wieder neu für die einfachen Prinzipien einer soliden und guten Unternehmensführung zu gewinnen, die neben den innovativen Themen das Unternehmen 4.0 prägen. Dabei möchte ich mich gerne fernhalten von all dem „Business-Theater", das häufig veranstaltet wird und die Unternehmer und Führungskräfte eher verwirrt, anstatt ihnen zu helfen und Orientierung zu geben.

EIN SYMPATHISCHES UNTERNEHMEN BRAUCHT KEIN „BUSINESS-THEATER".

Sympathie ist eine gefühlsmäßige Zuneigung. In diesen Kontext passt auch das Buch „Love Brand", das Dr. Silvia Danne geschrieben hat. Wann lieben wir eine Marke? Dieser Zustand, in dem Kunden eine Marke lieben, ist die Steigerung von Sympathie. Bei vielen mittelständischen Unternehmen ist die eigene Marke noch nicht ausreichend genug ausgeprägt oder der Bekanntheitsgrad noch gering. Daher ist mir bei den „Hidden Champions des Mittelstands" der Begriff „Sympathie" auch so wichtig. Arbeite ich gerne mit dem Unternehmen zusammen? Mag ich die Menschen, das Produkt und das Ambiente? All das trägt zu meinem Erlebnis der Sympathie bei.

Wenn ich mit Unternehmern über Sympathie spreche, wird dieser Wert manchmal als zu schwach angesehen. Sympathie wird dabei inhaltlich gleichgesetzt mit „nett". Aber wenn mein Konzept eines sympathischen Unternehmens konsequent durchdacht wird, dann wird dieser Wert zu einem zentralen Bestandteil in der Unternehmensführung des 21. Jahrhunderts. Das Marketing 4.0 wird durch die Sympathie als einen zentralen Wert geprägt. Früher ging es um die Definition eines Nutzens (Produkt-Nutzen, Kunden-Nutzen), dann um die Vermittlung von Werten und schließlich um die Bildung von Communitys. Aus dem Marketing wird Communiting. Und die Gemeinschaft wird heute durch den Wert „Sympathie" geprägt. Ich möchte sogar so weit gehen, dass dieser Wert in Zukunft zwischen der negativen und der positiven Energie einer

„Die leisen Töne gelten häufig nicht als sehr spektakulär, aber sie machen Menschen und Unternehmen sympathisch."

Hilmar Wollner

17

Gemeinschaft unterscheidet. Es gibt viele Gemeinschaften, die durch negative Werte und somit durch eine negative Energie geprägt werden. Ein guter Zeitpunkt, um mit positiven Werten dagegenzuhalten.

WORAN ERKENNT MAN EIN SYMPATHISCHES UNTERNEHMEN?

Mit einem sympathischen Unternehmen arbeiten andere Unternehmen gerne zusammen. Es hat weniger Probleme bei der Suche und der Auswahl von neuen Mitarbeitern, ist attraktiv auf dem Arbeitgeber-Markt und entwickelt sich zu einer Arbeitgeber-Marke. Ein sympathisches Unternehmen ist attraktiv für Kunden, die keine Hochglanzprospekte oder nicht erfüllbare Versprechen suchen.

SYMPATHIE WIRD ZU DER VERBINDUNGSENERGIE VON GEMEINSCHAFTEN.

Sie prägt das Communiting des 21. Jahrhunderts. Die Kunden suchen die Nähe zu einem Unternehmen, mit dem sie gerne zusammenarbeiten. Es sind einige Werte, die diese Sympathie prägen. In dem folgenden Sympathie-Modell möchte ich einige dieser Werte systematisch darstellen. Es gibt darüber hinaus eine Vielzahl anderer Werte, die das Wesen eines Unternehmens prägen. Diese Werte werden durch ein gelebtes Leitbild deutlich und jedes Unternehmen ist gut beraten, die eigenen wesentlichen Werte zu finden, darzustellen und auch zu leben. So werden diese Unternehmen sympathisch und auch zu einer „Love Brand".

*Buchtipp: Die Auswirkungen des Community Values auf das Marketing und den Begriff des „Marketings 4.0" beschreibt Dr. Silvia Danne in ihrem exzellenten Buch „Love Brands". Neben innovativen Ansätzen wie dem SSP (social selling proposition – als Nachfolger des USP, unique selling proposition) und dem Communiting als erfolgreichem Weg für modernes Marketing zeigt Dr. Silvia Danne anhand konkreter Beispiele, wie die Etablierung als „Love Brand" in der Praxis funktioniert.

DAS SYMPATHIE-MODELL

Auf der Suche nach einer Definition für das „sympathische Unternehmen"
entstand ein eigenes Modell, das der Struktur von UnternehmerEnergie folgt.
Es strukturiert und vereint 12 Faktoren, die Sympathie prägen. Alle gemeinsam
ergeben die „12 S eines sympathischen Unternehmens".

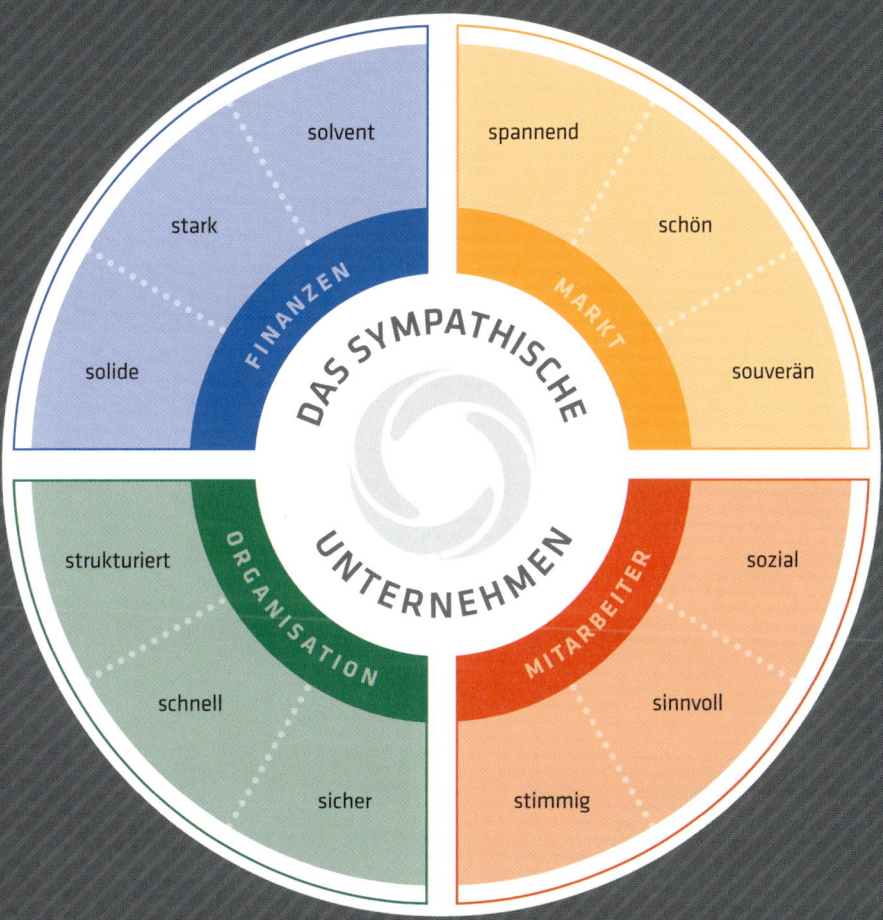

UNTERNEHMERENERGIE

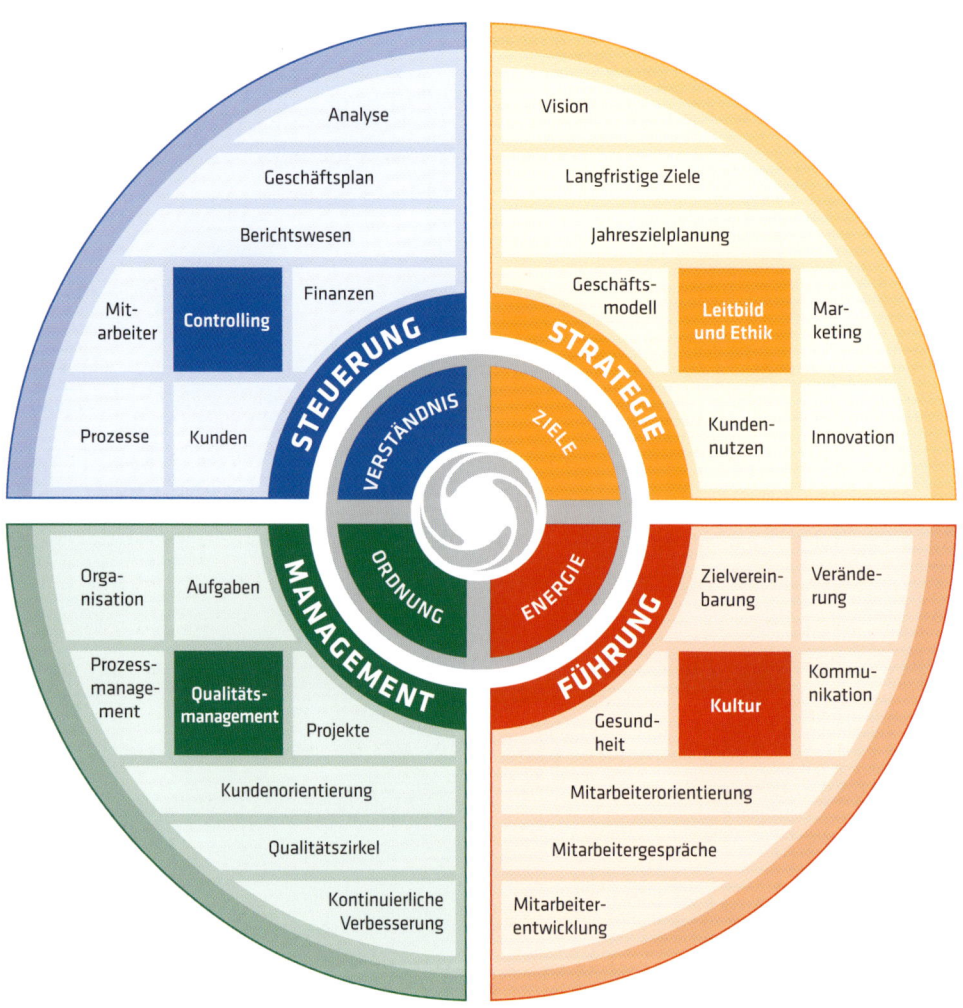

Das Sympathie-Modell ist eine Ergänzung zu UnternehmerEnergie und entspricht dessen Struktur. Die Faktoren wirken jedoch hauptsächlich auf die Außenwelt eines Unternehmens und sind die Ergebnisse einer sehr guten Anwendung des Systems UnternehmerEnergie. Dieses System wird hinten im Buch noch ausführlich beschrieben. Es ist mehr als ein Management-Modell.

Es liefert eine Philosophie des „werteorientierten Unternehmens" und stellt den Menschen in den Mittelpunkt wirtschaftlichen Handelns. Es fungiert quasi als Betriebssystem eines Unternehmens und liefert darüber hinaus noch eine Vielzahl von ganz praktischen Methoden und Werkzeugen, um ein Unternehmen wirksamer, sympathischer und dabei auch profitabler führen zu können. UnternehmerEnergie ist mitverantwortlich für den Erfolg einer Vielzahl von Unternehmen im deutschen Mittelstand.

DAS SYSTEM UNTERNEHMERENERGIE

Die 12 Sympathie-Faktoren stehen in direkter Beziehung zu den vier Hauptaufgaben von UnternehmerEnergie. Ist ein Unternehmen sympathisch, dann hat es eine gute Strategie, die mit den Eigenschaften „spannend", „schön" und „souverän" für eine Attraktivität auf dem Markt sorgt. Ebenso haben sympathische Unternehmen „gesunde" Finanzen, was sich in den Attributen „solvent", „stark" und „solide" widerspiegelt und einer guten Steuerung zu verdanken ist. Ein gutes Management sorgt für Sympathie-Punkte im Bereich der Organisation, der sich aus den Faktoren „strukturiert", „schnell" und „sicher" zusammensetzt. Zuletzt wirkt sich eine gute Führung, die vierte Hauptaufgabe nach UnternehmerEnergie, auf besondere Art und Weise auf die Mitarbeiter aus. Die entsprechenden Faktoren sind hier „sozial", „sinnvoll" und „stimmig".

Doch was bringt einem Unternehmen ein hoher Sympathie-Wert? Ein sympathisches Unternehmen ist für die Kunden sehr attraktiv und erarbeitet sich so zunehmend Vorteile im nicht preissensiblen Wettbewerb. Mehr als die Hälfte der Unternehmen, so eine aktuelle Studie von Simon + Kucher & Partners, ist in einen Preiskrieg verwickelt. Die Unternehmen definieren sich hauptsächlich über den Preis ihrer Angebote, was oft eine Spirale in das immer günstigere Angebot zur Folge hat. Der Wert Sympathie wird in ein strategisches Konzept eingebunden, sodass Innovationen, Kreativität und neue Geschäftsmodelle ein logisches Ergebnis des Strebens nach Sympathie sind.

MARKT

Wie sympathisch ist Ihr Unternehmen auf dem Markt? Beginnen wir mit den Eigenschaften, die direkt auf den Markt wirken und die durch die Strategie eines Unternehmens direkt beeinflusst werden. Die gute Positionierung auf dem Markt ist ein Kennzeichen sympathischer Unternehmen.

EIN SYMPATHISCHES UNTERNEHMEN IST SPANNEND.

Sympathische Unternehmen überraschen ihre Kunden und bieten spannende Produkte und Dienstleistungen an. Sie wecken Neugier und das Gefühl des Abenteuers. Die Kunden freuen sich immer, wenn sie Neuigkeiten von diesen Unternehmen erfahren, denn diese Neuigkeiten sind in der Regel inspirierend und verblüffend zugleich. Ein Klassiker in der jüngeren Wirtschaftsgeschichte waren die Präsentationen von Steve Jobs, bei denen immer die Chance bestand, dass darauf eine digitale Revolution folgte, was häufig auch geschah. Das machte Apple attraktiv und sympathisch zugleich. Aktuell werden nur leichte Neuerungen präsentiert und der sehr hohe Preis rückt dabei immer mehr in das Bewusstsein der Kunden. Apple ist immer noch eine starke Marke, aber die ganz große Spannung bleibt aus.

Wie spannend ist Ihr Unternehmen?
Mit „spannend" können unterschiedliche Eigenschaften eines Unternehmens beschrieben werden, zum Beispiel, ob das Unternehmen innovativ und andersartig ist, ob Regeln gebrochen werden oder ob es besonders vital und lebhaft ist. Sind all diese Eigenschaften vorhanden, lassen sie das Unternehmen für den Kunden spannend und damit auch sympathisch erscheinen. So ist zum Beispiel Tesla sicherlich eins der spannendsten Unternehmen in der jüngsten Wirtschaftsgeschichte. Es bricht Regeln und stellt sie neu auf, lässt neue Märkte entstehen und verändert das Konsumverhalten einer ganzen Branche. Kurzum: Es revolutioniert die Automobilindustrie.

Folgende Fragen helfen dabei, den Faktor „Spannung" greifbarer zu machen:

- *Sind unsere Produkte und Dienstleistungen spannend?*

- *Berücksichtigen wir den Wert „Andersartigkeit" in unserer Strategie?*

- *Machen wir die Spannung in unserem Unternehmen sichtbar?*

- *In welchem Bereich sind wir besonders innovativ?*

EIN SYMPATHISCHES UNTERNEHMEN IST SCHÖN.

Sympathie hat auch mit der äußeren Erscheinung zu tun. Das Corporate Design wirkt hier besonders stark.

Wie schön ist Ihr Unternehmen?

Design und Verpackung spielen heute eine immer größere Rolle. Die inhaltliche Qualität setzen wir hier einmal voraus. Mittelständische Unternehmen haben in der Regel ein großes Potenzial, denn sie konzentrieren sich hauptsächlich auf die Qualität ihrer Produkte und weniger auf deren Aussehen. Dazu passt auch der gern verwendete Ausspruch: „Deutsche Unternehmen investieren 5 Millionen in die Forschung und Entwicklung eines Produktes und 100.000 in das Marketing. Amerikanische Unternehmen machen es umgekehrt. Sie investieren 100.000 in die Entwicklung und 5 Millionen in das Marketing." Allerdings gibt es kein „entweder – oder". Beides ist wichtig und wie so häufig ist das gesunde Mittelmaß der beste Weg. Eine einfache Matrix mit den Achsen „Qualität" und „Schönheit" verdeutlicht dies: Auf das -/- Feld brauchen wir hier nicht näher eingehen. Dort gibt es Entwicklungsbedarf in beide Richtungen. Das +/+ Feld führt zu dem Erfolg, den sich viele Unternehmen wünschen. Viele gute Unternehmen stehen auf dem +/- Feld, haben also eine hohe Qualität, aber die äußere Erscheinung ist noch sehr verbesserungswürdig. Die Praxis zeigt, dass sich Unternehmen im -/+ Feld erstaunlich lange halten und sogar entwickeln können, auch wenn auf lange Sicht die Qualität gesteigert werden muss.

Mithilfe der folgenden Fragen lässt sich der aktuelle Sympathie-Status für den Faktor „schön" bestimmen:

- *Sind unsere Produkte und Dienstleistungen schön in ihrer Darstellung?*

- *Stellt sich das Unternehmen in einem guten Corporate Design auf?*

- *Wie ist die Erscheinung im Marketing?*

- *Berücksichtigen wir das Design in unserer Kommunikation und bei unseren Angeboten?*

Qualität

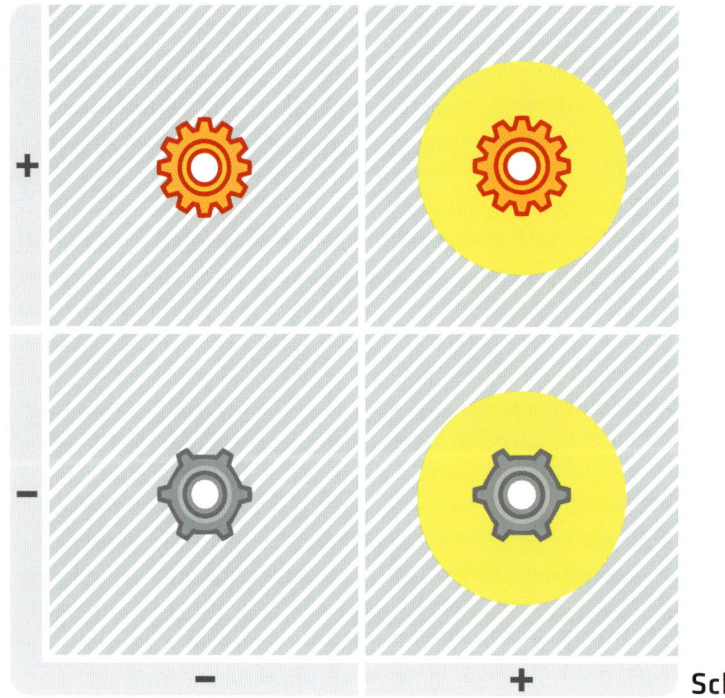

Schönheit

EIN SYMPATHISCHES UNTERNEHMEN IST SOUVERÄN.

Die Souveränität eines Unternehmens ergibt sich stets aus dem Nutzen, den es bietet und der die Substanz bildet.

Wie souverän ist Ihr Unternehmen?

Souveränität beinhaltet auch die Unabhängigkeit eines Unternehmens und bildet die Grundlage seiner Strategie. Man kann bei jedem Unternehmen relativ schnell spüren, ob der Nutzen für den Kunden oder der Gewinn im Vordergrund steht. Um an dieser Stelle nicht missverstanden zu werden, möchte ich ganz deutlich machen, dass sympathische Unternehmen durchaus auch profitable Unternehmen sind. Sie halten das Gleichgewicht zwischen der Profitabilität und dem Nutzen für ihre Kunden und Mitarbeiter.

Auch das Thema „Kompetenz" gehört in den Bereich der Souveränität. Jedes Unternehmen muss eine gewisse Kompetenz unter Beweis stellen, denn je höher die Kompetenz, desto größer der Sympathie-Faktor. Es gibt viele Unternehmen, die davon profitieren, ein anderes Unternehmen oder Geschäftsmodell zu kopieren. Das passiert gerade in der Start-up Industrie häufig und die Zielsetzung ist in der Regel keine langfristige. Auch das Kopieren mag eine Kompetenz sein, bei der es aber deutlich an Originalität fehlt. Sympathische Start-ups, von denen ich schon einige kennenlernen durfte, setzen schon bei ihrer Gründung auf eine langfristige Unternehmensentwicklung.

Ein weiterer Teilbereich der Souveränität ist der Grad der Unabhängigkeit und der Neutralität. Ein souveränes Unternehmen würde nie aus einer Mücke einen Elefanten machen und geht Streit so gut es geht aus dem Weg. Ein nachweisbar gelebtes Wertesystem ist zum Beispiel ein Zeichen dieser Art von Souveränität. Auch die Anzahl der Rechtsstreitigkeiten kann ein Indiz dafür sein. Die größte Gefahr der Souveränität ist es, arrogant zu wirken oder sogar auch zu werden. Jeder Sympathie-Faktor hat seine Grenzen.

„Souveränität" wird in einem Unternehmen durch die Beantwortung einiger Fragen definiert:

- *Ist der Wert „Souveränität" im Unternehmen definiert?*

- *Ist allen Mitarbeitern bewusst, worum es in unserem Unternehmen geht?*

- *Bestehen besondere Abhängigkeiten von Kunden?*

- *Bestehen Abhängigkeiten von Rahmenbedingungen, Investoren, dem Gesetzgeber?*

- *Besteht eine Abhängigkeit von Mitarbeitern?*

- *Gibt es ein gelebtes Wertesystem?*

FINANZEN

Wie wirkt Ihre finanzielle Stärke auf die Sympathie des Unternehmens?
Finanzielle Stärke trägt einen Teil zur Sympathie bei. Eine gute Strategie und ein hoher Grad an „Spannung", „Schönheit" und „Souveränität" führen zu Erfolg auf dem Markt und damit auch zu einem positiven Einfluss auf die Finanzen eines Unternehmens.

Bei der übergeordneten Strategie der Sympathie fallen uns natürlich viele Non-Profit-Unternehmen ein, die sympathisch sind. Doch auch wirtschaftlich erfolgreiche Unternehmen können sympathisch sein, wenn sie ein gesundes Wachstum fokussieren und „solvent", „stark" und „solide" sind.

Gesundes Wachstum hat mit der Geschwindigkeit zu tun und mit den Kollateralschäden, die es zu vermeiden sucht. Ein gesundes Wachstum stärkt die langfristige Basis eines Unternehmens, wohingegen sich ein ungesundes Wachstum schon bald in Form von negativen Zusatzeffekten bemerkbar machen wird. Mit „gesund" ist hier das richtige Maß gemeint. Bezogen auf die Geschwindigkeit kann alles zu schnell oder auch zu langsam sein. Es ist die Frage nach dem „richtigen" Wachstum, denn auch hier gibt es ein Zuviel (das schnell das ganze Unternehmen bedrohen kann) und ebenso ein Zuwenig (dann droht das Unternehmen zu erstarren).

EIN SYMPATHISCHES UNTERNEHMEN IST SOLVENT.

Sympathie spiegelt sich auch in der Liquidität eines Unternehmens wider. In meinen vielen Jahren unternehmerischer Tätigkeit hatte auch ich schlechte Zeiten, in denen ich die Rechnungen nicht pünktlich bezahlen konnte und mich dadurch alles andere als sympathisch fühlte. Sicherlich gibt es Gründe für solche Situationen, doch Kunden, die Leistungen pünktlich oder sogar überpünktlich bezahlen, sind sympathischere Geschäftspartner.

Ist Ihr Unternehmen solvent/liquide?

Ein sympathisches Unternehmen bezahlt seine Rechnungen pünktlich. Die Solvenz eines Unternehmens ist die Voraussetzung seiner Geschäftstätigkeit. Das Gegenteil wäre die Insolvenz, also das Ende eines regulären Geschäftsbetriebs. Allerdings geht „Solvenz" für mich deutlich weiter als das. Ich denke hier gerne an das Beispiel meines Freundes Mike Fischer: In seinem Unternehmen wird jede eingehende Rechnung geprüft und am gleichen Tag bis 18:00 Uhr bezahlt. Finanzgetriebene Unternehmen arbeiten hingegen gerne mit dem Geld ihrer Lieferanten. So gibt es zum Beispiel in der Automobilindustrie einige Fälle, in denen große Unternehmen ihre Rechnungen nicht pünktlich bezahlen und auch manche Zusagen nicht einhalten, um auf diesem Weg noch mehr Geld zu verdienen. Das macht ein Unternehmen vielleicht finanzstärker, aber nicht sympathischer.

Um solvent zu sein, bedarf es einer guten Liquiditätsplanung. Gerade bei kleinen oder mittelgroßen Unternehmen gibt es in diesem Bereich häufig Defizite. Die entsprechenden Fragen zu diesem Faktor lauten also:

- *Wie liquide ist unser Unternehmen?*

- *Haben wir unsere finanziellen Prozesse auf den Aspekt „Solvenz" überprüft?*

- *Haben wir ein Liquiditätsmanagement?*

- *Bezahlen wir unsere Rechnungen pünktlich?*

- *Halten wir unsere Zusagen ein?*

EIN SYMPATHISCHES UNTERNEHMEN IST STARK.

Das wohl beste Beispiel für „Stärke" ist die Situation, in der ein Unternehmen auch „nein" sagen kann: „nein" zu einem Auftrag, „nein" zu einem Kunden oder „nein" zu einer scheinbar guten Gelegenheit. Stärke liegt auch darin, Dinge nicht zu benötigen und sich von diesen auch nicht abhängig zu machen. Ich möchte sogar so weit gehen, zu sagen, dass die eigentliche Stärke eines Unternehmens in seiner Unabhängigkeit liegt. Denn jede Form der Abhängigkeit macht ein Unternehmen schwach.

Wie stark ist Ihr Unternehmen?

Stärke hat immer eine materielle und eine immaterielle Seite. Die materielle Stärke bezieht sich auf die finanzielle Situation, also einen Auftrag auch einmal ohne größere Konsequenzen ablehnen zu können. Die immaterielle Stärke liegt im Bewusstsein und in der Haltung eines Unternehmens. Damit meine ich auch, einmal „nein" zu sagen, selbst wenn man es sich finanziell nicht leisten kann.

Die zu beantwortenden Fragen für den Faktor „stark" lauten:

- *Haben wir die Freiheit, auch einmal „nein" zu sagen?*

- *Gibt es Faktoren, die die Stärke des Unternehmens negativ beeinflussen?*

- *Wird unsere Stärke auch wahrgenommen?*

- *Haben wir eine starke Marke?*

„Ein ,Nein' zu dem Einen ist immer ein ,Ja' ... zu etwas anderem."

Lebensweisheit

EIN SYMPATHISCHES UNTERNEHMEN IST SOLIDE.

Ein solides Unternehmen ist belastbar und weiß aufgrund seiner Kompetenz genau, was es tut. Hinzu kommt eine solide Unternehmensplanung. Die Stabilität wird durch diesen Sympathie-Faktor ausgedrückt. Es gibt eine Gruppe von Unternehmern, die umgangssprachlich auch als „Durchwurstler" bezeichnet werden. Wer sich jedoch so verhält, wird keine solide Ausstrahlung haben und in der Regel auch nicht als sympathisch gesehen werden.

Wie solide ist Ihr Unternehmen?

Ein solides Unternehmen verfolgt eine zielgerichtete Strategie, über die alle Mitarbeiter in Kenntnis gesetzt sind. Darin sind Planungen enthalten, die regelmäßig auf Umsetzbarkeit überprüft werden und deren praktische Durchführung ebenso kontrolliert wird. Stellt sich heraus, dass die Praxis mit den in der Unternehmens-Strategie verankerten Zielen übereinstimmt und lässt sich dies über einen längeren Zeitraum hinweg belegen, so strahlt das Unternehmen sowohl nach innen als auch nach außen hin beständige Kompetenz aus.

Die Fragen für den Faktor „solide" lauten:

- *Wird unser Unternehmen als ein solides Unternehmen auf dem Markt wahrgenommen?*

- *Wie hoch ist die Kompetenz des Unternehmens?*

- *Liegt eine gute Unternehmens-Strategie vor?*

- *Verfügt das Unternehmen über realistische Planungen, die in ihrer Umsetzung auch kontrolliert werden?*

ORGANISATION

Die Organisation eines Unternehmens wirkt sich direkt auf seine Sympathie aus. Gerade die Eigenschaften, die der Kunde direkt wahrnimmt, wirken sich auf den Grad der Sympathie eines Unternehmens aus. So sind sympathische Unternehmen in der Regel gut strukturiert und arbeiten schnell und mit guten Ergebnissen. Außerdem ist sichergestellt, dass das Unternehmen auch auf unvorhergesehene Situationen reagieren kann.

EIN SYMPATHISCHES UNTERNEHMEN IST GUT STRUKTURIERT.

Dieser Sympathie-Wert entspricht dem Bereich Management in unserem System UnternehmerEnergie und beschreibt die Organisation eines Unternehmens. Sympathische Unternehmen sind strukturiert, denn nur so können sie sicherstellen, dass alle Bedürfnisse von Kunden und Mitarbeitern in kürzester Zeit bearbeitet und möglichst auch erfüllt werden.

Wie strukturiert ist Ihr Unternehmen?

Wenn wir mit einem Unternehmen zusammenarbeiten, dann möchten wir auch, dass die Zusammenarbeit gut funktioniert. Je besser die Zusammenarbeit funktioniert, desto sympathischer erscheint mir das Unternehmen. Wenn ich beispielsweise dort anrufe, geht sofort jemand ans Telefon und ist auch noch zuständig oder kann die Zuständigkeit sehr schnell klären. Solche Unternehmen lernen schnell aus ihren Fehlern und leben eine gute Fehlerkultur. Das Organigramm ist klar und die Prozesse sind zuverlässig. Gerade als ich dieses Kapitel schrieb, machte ich eine Gesundheitswoche am Schwielowsee in der Nähe von Potsdam. Eines Morgens hatte ich einen Mitarbeiter im Spa-Bereich darüber informiert, dass der Wasserbehälter im Fitness-Raum leer war. Er hat sich sehr sympathisch bedankt, aber am nächsten Tag war dennoch kein neuer Behälter im Raum. So entsteht keine Sympathie. In der Geschäftswelt entsteht Sympathie durch Zuverlässigkeit.

Der Kern-Faktor „Struktur" wird mit folgenden Fragen beschrieben:

- *Wie gut ist die Struktur des Unternehmens?*

- *Funktioniert die Struktur und wie messen wir das?*

- *Gibt es ein allen bekanntes und aktuelles Organigramm?*

- *Funktioniert der kontinuierliche Verbesserungsprozess (KVP)?*

- *Gibt es einen strukturierten Innovationsprozess?*

- *Welchen Stellenwert hat das Qualitätsmanagement im Unternehmen?*

- *Werden regelmäßige Workshops zu Themen wie Vereinfachung, Geschwindigkeit und Lean Management durchgeführt?*

EIN SYMPATHISCHES UNTERNEHMEN IST SCHNELL.

Was Kunden an einem Unternehmen oft stört, ist die Dauer, bis ihre Wünsche erfüllt oder ihre Probleme gelöst werden. Die Schnelligkeit eines Unternehmens drückt sich in der täglichen Arbeit aus.

Wie schnell ist Ihr Unternehmen?

Wir haben alle schon die Erfahrung gemacht, dass wir lange auf eine Antwort, eine Dienstleistung oder die Umsetzung einer Zusage warten mussten. In den seltensten Fällen finden wir das sympathisch. Nehmen wir als ein Benchmark den Online-Handel. Heute bestelle ich eine Ware und morgen wird sie geliefert. Auch wenn das unpersönlich sein mag, sympathisch ist dieses Geschäftsmodell allemal. Wenn ich hingegen bei dem einen oder anderen Ladengeschäft nachfrage und 8–10 Tage Lieferzeit höre, dann wird mir klar, warum der Online-Handel so schnell wächst. Er ist nicht nur einfacher, sondern auch schneller. Die Definition von Geschwindigkeit kann innerhalb der Strategie einen ganz großen Unterschied machen und für Unternehmen einen Wettbewerbsvorteil ergeben.

So hat zum Beispiel der Computerhersteller Dell sich dank einer hohen Auslieferungsgeschwindigkeit seiner PCs an die Kunden auf einem Verdrängungsmarkt behauptet. Auch der rasante Aufstieg von Amazon hat mit der schnellen Lieferung einer Bestellung zu tun. Wenn ich heute etwas bestelle und es morgen in der Post ist, dann macht das ein Unternehmen sympathisch. Trotz viel anderer Kritik, die nicht zur Sympathie von Amazon beiträgt, behauptet sich dieses Unternehmen permanent als Marktführer.

Folgende Fragen unterstützen dabei, den Geschwindigkeitsfaktor eines Unternehmens zu bestimmen:

- *Ist unser Unternehmen schneller als die Wettbewerber?*

- *Spielt der Faktor Geschwindigkeit eine große Rolle in der Strategie?*

- *Ist Geschwindigkeit in der Firmenkultur verankert?*

- *Werden die Kernprozesse hinsichtlich ihrer Geschwindigkeit überprüft?*

- *Wird die Geschwindigkeit gemessen?*

EIN SYMPATHISCHES UNTERNEHMEN IST SICHER.

Sicherheit hat viele Dimensionen, von denen ich Ihnen nachfolgend die wichtigsten vorstellen möchte.

Wie sicher ist Ihr Unternehmen?

Ein gelebtes Qualitätsmanagement führt zu sicheren Prozessabläufen, die ein Unternehmen fast jeden Stress-Test bestehen lassen. Auch die Dimension Zuverlässigkeit wirkt sich auf die „Sicherheit" eines Unternehmens aus. Ein sicheres Unternehmen zu sein bedeutet nämlich auch, dass sich jeder Kunde, Lieferant und Mitarbeiter auf dieses Unternehmen verlassen kann. Sicherheit betrifft auch das Risiko-Management: Ist das Unternehmen auf alle vorhersehbaren Gefahren vorbereitet? Und wie reagieren wir in unvorhersehbaren

Situationen? Auch in Verbindung mit der Unternehmensmarke ist „Sicherheit"
ein wichtiger Aspekt. Kunden fragen sich: Wird das Unternehmen auch in
einem Jahr, in fünf Jahren oder gar in zehn Jahren noch da sein? Die Historie
eines Unternehmens gibt Sicherheit und schafft dadurch auch Vertrauen.

Wenn der Faktor Sicherheit in einem Unternehmen deutlich gemacht werden
soll, sind folgende Fragen dabei sehr nützlich:

- *Gibt die Strategie/der Strategie-Prozess Sicherheit?*

- *Wie sicher und zuverlässig sind die Zahlen des Unternehmens?*

- *Gibt es ein Risiko-Management?*

- *Haben wir so etwas wie einen eigenen Stress-Test?*

- *Wie sicher sind die Prozesse?*

- *Strahlt unsere Marke Sicherheit aus?*

- *Fühlen sich unsere Mitarbeiter sicher?*

- *Ist unsere Führungskultur von Angst oder von Vertrauen geprägt?*

„Du gewinnst
nie allein.

An dem Tag, an dem du was anderes glaubst,
fängst du an zu verlieren."

Mika Pauli Häkkinen, finnischer Rennfahrer

MITARBEITER

Die Mitarbeiter haben den größten Einfluss auf die Sympathie eines Unternehmens. Sympathie wirkt sehr stark von Mensch zu Mensch. So sind es zu einem großen Teil die Mitarbeiter, die ein Unternehmen in der Außenwirkung sympathisch oder weniger sympathisch erscheinen lassen.

EIN SYMPATHISCHES UNTERNEHMEN HANDELT SOZIAL.

Ein sympathisches Unternehmen weiß, dass es nicht alleine auf dieser Welt ist. Es ist sich bewusst, dass es in eine Vielzahl unterschiedlicher Interessengruppen eingebettet ist. Deshalb gehört es auch zu den Aufgaben eines sympathischen Unternehmens, sich sozial zu engagieren.

Wie sozial ist Ihr Unternehmen?

Ursula Wintgens, eine Lebensmittelhändlerin aus Bergisch Gladbach, macht dies auf eine bemerkenswerte Art und Weise. Frau Wintgens hat unseren UnternehmerEnergie-Preis erhalten. Ein Grund war neben der exzellenten Anwendung des Führungssystems auch das große soziale Engagement. Sie unterstützt mit ihrem Unternehmen und ihren Kunden zum Beispiel Kindergärten, Schulen, Vereine oder Flüchtlingsunterkünfte. Die Kunden nehmen das soziale Engagement wahr und es entsteht ein positiver Kreislauf: Das Unternehmen ist ihnen sympathisch, dadurch kaufen sie häufiger dort ein und erzählen es weiter. Daraufhin kommen neue Kunden, wodurch der Umsatz von Ursula Wintgens steigt und sie sich stärker engagieren kann.

Ein Unternehmen, das Sympathie-Punkte mit der Eigenschaft „sozial" gewinnen will, stellt sich immer wieder folgende Fragen:

- *Sind soziale Projekte in unseren Unternehmenszielen verankert?*

- *Sind wir uns der Verantwortung für die Gesellschaft bewusst?*

- *Fördern wir das soziale Engagement einzelner Mitarbeiter?*

- *Gibt es ein Budget für soziale Projekte?*

- *Ist unser soziales Engagement in der Firmenkultur verankert?*

EIN SYMPATHISCHES UNTERNEHMEN IST SINNVOLL.

Den Faktor „sinnvoll" wird jedes Unternehmen auf seine Weise beschreiben. Doch welchen Sinn vermittelt ein Unternehmen seinen Mitarbeitern?

Wie sinnvoll ist Ihr Unternehmen?

Je weniger klar der Sinn ist, desto materieller wird die Motivation. Das gilt für Menschen ebenso wie für Unternehmen. Dabei kann es in jeder Branche einen Sinn geben. Leider überwiegt meiner Meinung nach aber eher der Unsinn. Zurzeit beschäftige ich mich viel mit dem Thema „Gesunde Ernährung". Jedes Lebensmittelgeschäft, das wirklich sinnvoll sein möchte, müsste seinen Mitarbeitern und den Kunden die Möglichkeit geben, sich sehr intensiv mit dem Thema Gesundheit auseinanderzusetzen. Viel zu viele Produkte, die wir in den Supermärkten kaufen können, sind alles andere als gesund. Da gibt es den Joghurt, der für die Darmflora gut sein soll, der aber Unmengen von Zucker enthält. Coca-Cola bleibt von der Zuckerdiskussion weitgehend unbehelligt, obwohl das Getränk eine ebenso große Zuckerschleuder ist. Als Fan der „Schwarzen Dose", der ich immer war, war ich erstaunt zu lesen, dass dort mehr Kalorien pro 100 ml zu Buche schlagen als bei einer Cola. Für die gesamte Zuckerindustrie stellt es sicher eine große Herausforderung dar, den Sinn von Zucker zu erklären, den die Gesellschaft in viel zu großen Mengen konsumiert. Doch da hilft die Fitness-Industrie: Der Zucker macht die Menschen dick – und die Fitness-Industrie möchte sie wieder schlank machen.

Um den Kern-Faktor „sinnvoll" in einem Unternehmen zu hinterfragen, eignen sich folgende Fragen:

- *Ist der Sinn unseres Unternehmens in einem Leitbild definiert?*

- *Geben wir die Möglichkeit zum Austausch über den Sinn des Unternehmens?*

- *Kennen die Mitarbeiter den Sinn des Unternehmens?*

- *Gibt es eine(n) Sinn-Beauftragte(n) oder Leitbild-Beauftragte(n), die oder der diese Fragen im Unternehmen aktuell hält?*

- *Wie gehen wir mit der kritischen Hinterfragung unseres Sinns um?*

EIN SYMPATHISCHES UNTERNEHMEN IST STIMMIG.

Nur wenn die Werte und die Prozesse eines Unternehmens mit Leben erfüllt werden, dann wirkt es auf Außenstehende stimmig. Dabei ist Stimmigkeit für mich gleichzusetzen mit Authentizität.

Wie stimmig ist Ihr Unternehmen?

Oft komme ich in Unternehmen, die ein zertifiziertes Qualitätsmanagement-System haben – aber leider im Schrank. UnternehmerEnergie hilft dabei, ein vorhandenes Qualitätsmanagement im Alltag umzusetzen. Die Diskrepanz zwischen Theorie und Praxis könnte nicht größer sein. Stimmigkeit ist eine gute Eigenschaft und häufig bei mittelständischen Unternehmen zu finden. Doch natürlich gibt es auch hier immer wieder Ausnahmen.

Um die Stimmigkeit eines Unternehmens zu beurteilen, helfen folgende Fragen:

- *Gibt es einen Schein jenseits des Seins?*

- *Haben wir ein lebendiges Qualitätsmanagement?*

- *Haben wir ein gelebtes Leitbild?*

- *Lassen wir uns von außen bewerten und gleichen diese Bewertung mit der Sicht der Mitarbeiter ab?*

- *Wird in der Unternehmenskultur Wert auf die Stimmigkeit/Authentizität des Unternehmens gelegt?*

DIE MESSUNG DER SYMPATHIE

WIE MESSEN SIE DIE SYMPATHIE IN IHREM UNTERNEHMEN?

Wenn wir Sympathie als übergeordnetes strategisches Konzept verstehen, muss es auch eine entsprechende Möglichkeit der Erfolgsmessung geben. Der erste Schritt erfolgt anhand einer Selbsteinschätzung, die in einem zweiten Schritt auch für Fremdeinschätzungen herangezogen werden kann. Jede der zwölf Eigenschaften wird mit einem Wert von 1–5 bewertet. Dabei gilt: 1 = sehr gering und 5 = sehr stark. Die minimale Punktzahl ist also theoretisch 12 und die maximale Punktzahl 60. Ausgewertet werden die Ergebnisse in Form eines Kreisdiagramms.

Dieses System ist für die Selbstbewertung gedacht und bei den folgenden Kundenbeispielen hebe ich stets **vier von den 12 Faktoren** besonders hervor.

SYMPATHISCHE UNTERNEHMEN SIND:

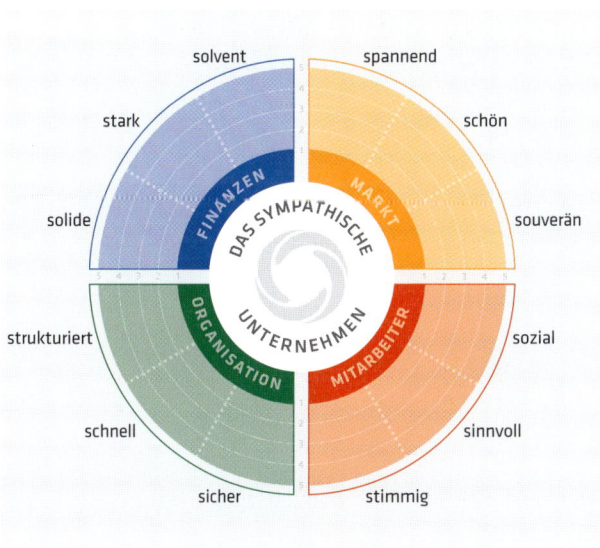

spannend	1–5
schön	1–5
souverän	1–5
solvent	1–5
stark	1–5
solide	1–5
strukturiert	1–5
schnell	1–5
sicher	1–5
sozial	1–5
sinnvoll	1–5
stimmig	1–5
Gesamt	**max. 60**

Nachfolgend finden Sie alle Fragen der einzelnen Sympathie-Faktoren als Übersicht.

FRAGEN ZUR SYMPATHIE EINES UNTERNEHMENS

MARKT

① ② ③ ④ ⑤ **spannend**

Sind unsere Produkte und Dienstleistungen spannend? Berücksichtigen wir den Wert „Andersartigkeit" in unserer Strategie? Machen wir die Spannung in unserem Unternehmen sichtbar? In welchem Bereich sind wir besonders innovativ?

① ② ③ ④ ⑤ **schön**

Sind unsere Produkte und Dienstleistungen schön in ihrer Darstellung? Stellt sich das Unternehmen in einem guten Corporate Design auf? Wie ist die Erscheinung im Marketing?Berücksichtigen wir das Design in unserer Kommunikation und bei unseren Angeboten?

① ② ③ ④ ⑤ **souverän**

Ist der Wert „Souveränität" im Unternehmen definiert? Ist allen Mitarbeitern bewusst, worum es in unserem Unternehmen geht? Bestehen besondere Abhängigkeiten von Kunden? Bestehen Abhängigkeiten von Rahmenbedingungen, Investoren, dem Gesetzgeber? Besteht eine Abhängigkeit von Mitarbeitern? Gibt es ein gelebtes Wertesystem?

FINANZEN

① ② ③ ④ ⑤ **solvent**

Wie liquide ist unser Unternehmen? Haben wir unsere finanziellen Prozesse auf den Aspekt „Solvenz" überprüft? Haben wir ein Liquiditätsmanagement? Bezahlen wir unsere Rechnungen pünktlich? Halten wir unsere Zusagen ein?

① ② ③ ④ ⑤ **stark**

Haben wir die Freiheit, auch einmal „nein" zu sagen? Gibt es Faktoren, die die Stärke des Unternehmens negativ beeinflussen? Wird unsere Stärke auch wahrgenommen? Haben wir eine starke Marke?

① ② ③ ④ ⑤ **solide**

Wird unser Unternehmen als ein solides Unternehmen auf dem Markt wahrgenommen? Wie hoch ist die Kompetenz des Unternehmens? Liegt eine gute Unternehmens-Strategie vor? Verfügt das Unternehmen über realistische Planungen, die in ihrer Umsetzung auch kontrolliert werden?

ORGANISATION

①②③④⑤ strukturiert

Wie gut ist die Struktur des Unternehmens? Funktioniert die Struktur und wie messen wir das? Gibt es ein allen bekanntes und aktuelles Organigramm? Funktioniert der kontinuierliche Verbesserungsprozess (KVP)? Gibt es einen strukturierten Innovationsprozess? Welchen Stellenwert hat das Qualitätsmanagement im Unternehmen? Werden regelmäßige Workshops zu Themen wie Vereinfachung, Geschwindigkeit und Lean Management durchgeführt?

①②③④⑤ schnell

Ist unser Unternehmen schneller als die Wettbewerber? Spielt der Faktor Geschwindigkeit eine große Rolle in der Strategie? Ist Geschwindigkeit in der Firmenkultur verankert? Werden die Kernprozesse hinsichtlich ihrer Geschwindigkeit überprüft? Wird die Geschwindigkeit gemessen?

①②③④⑤ sicher

Gibt die Strategie/der Strategie-Prozess Sicherheit? Wie sicher und zuverlässig sind die Zahlen des Unternehmens? Gibt es ein Risiko-Management? Haben wir so etwas wie einen eigenen Stress-Test? Wie sicher sind die Prozesse? Strahlt unsere Marke Sicherheit aus? Fühlen sich unsere Mitarbeiter sicher? Ist unsere Führungskultur von Angst oder von Vertrauen geprägt?

MITARBEITER

①②③④⑤ sozial

Sind soziale Projekte in unseren Unternehmenszielen verankert? Sind wir uns der Verantwortung für die Gesellschaft bewusst? Fördern wir das soziale Engagement einzelner Mitarbeiter? Gibt es ein Budget für soziale Projekte? Ist unser soziales Engagement in der Firmenkultur verankert?

①②③④⑤ sinnvoll

Ist der Sinn unseres Unternehmens in einem Leitbild definiert? Geben wir die Möglichkeit zum Austausch über den Sinn des Unternehmens? Kennen die Mitarbeiter den Sinn des Unternehmens? Gibt es eine(n) Sinn-Beauftragte(n) oder Leitbild-Beauftragte(n), die oder der diese Fragen im Unternehmen aktuell hält? Wie gehen wir mit der kritischen Hinterfragung unseres Sinns um?

①②③④⑤ stimmig

Gibt es einen Schein jenseits des Seins? Haben wir ein lebendiges Qualitätsmanagement? Haben wir ein gelebtes Leitbild? Lassen wir uns von außen bewerten und gleichen diese Bewertung mit der Sicht der Mitarbeiter ab? Wird in der Unternehmenskultur Wert auf die Stimmigkeit/Authentizität des Unternehmens gelegt?

TEIL II

SYMPATHISCHE UNTERNEHMEN IM PORTRÄT

Ärzte, Zahnärzte
15

Mitarbeiter/-innen
64, davon 14
Auszubildende

Umsatz
1999: 0,7 Mio. Euro;
2016: 5,5 Mio. Euro

Patienten
pro Monat 200 bis
250 neue Patienten
(Stand: 2017)

Unternehmen
Avadent Clinic –
Dr. Henrich & Coll.

Adresse
Am Mühlberg 6–8,
61348 Bad Homburg
Gartenstraße 2,
61476 Kronberg
Bachstraße 3, 61381
Friedrichsdorf-Köppern

Internet
www.avadent.de

UnternehmerEnergie®
In exzellenter Anwendung

Zahnmedizin einer neuen Generation

GEORG HENRICH

AVADENT CLINIC

Rezeption der Avadent Clinic Bad Homburg

AVADENT CLINIC
Zahnmedizin einer neuen Generation.

„Avadent Clinic" ist ein Kunstname, der als Abkürzung für Advanced Dentistry verstanden werden kann und damit dem Claim „Zahnmedizin einer neuen Generation" mehr als gerecht wird. Das Leistungsspektrum der Avadent Clinic bildet heute die gesamte Breite der Zahnmedizin im Bereich der ambulanten Diagnostik und Therapie auf dem Qualitätsniveau einer Uniklinik ab. Dazu zählen konservierende und ästhetische Zahnheilkunde, Endodontologie, Oralchirurgie und Implantologie, Kinderzahnheilkunde, Parodontologie, Prothetik, Schmerz- und Funktionsdiagnostik, Kieferorthopädie und Mund-, Kiefer- und Gesichtschirurgie. Damit hat die Praxis gegenüber konkurrierenden Gemeinschaftspraxen das lokale Alleinstellungsmerkmal der MKG-Chirurgie.

Wichtig für die Breite des Spektrums war unter anderem der Eintritt von Dr. Michael Hanke (Zahnarzt mit Schwerpunkt Prothetik und Funktionsdiagnostik) und seiner Ehefrau Dr. Sabine Hanke (Kinderzahnärztin) als Partner in die Praxis. Zuletzt kaufte sich Stephan Schmidt (Parodontologie) in den Partnerkreis ein, sodass die Avadent Clinic heute zu viert als GbR mit Dr. Dr. Georg-Michael Henrich als Mehrheits- und geschäftsführendem Gesellschafter geführt wird. Ergänzt wird dieses Team durch drei aktive und emeritierte Universitätsprofessoren. Denn das Avadent-Team achtet auf eine wissenschaftliche Orientierung seiner Tätigkeit.

HISTORIE

1999 Kauf der Praxis in Bad Homburg durch Dr. Dr. Georg-Michael Henrich

2000 Dr. Michael Hanke wird Partner

2003 Dr. Sabine Hanke steigt in die Praxis mit ein

2005 Umzug in ein eigenes, neues Praxisgebäude mit 850 qm Nutzfläche

2008 Übernahme einer Praxis in Kronberg

2009 Die Marke „Avadent Clinic" wird eingetragen

2011 Als vierter Partner tritt Stephan Schmidt in die Praxis ein

2014 Fertigstellung des Seminarraums der „Avadent Akademie" und Erweiterung der Praxis- und Büroräume

2015 Vorbereitung des neuen Claims „Zahnmedizin einer neuen Generation" während des UnternehmerEnergie-Seminars auf Mallorca

2017 Übernahme einer Praxis in Friedrichsdorf-Köppern. Gründung von medizinischen Versorgungszentren in Bad Homburg, Kronberg und Friedrichsdorf-Köppern

DR. DR. GEORG-MICHAEL HENRICH:
MEDIZINER MIT UNTERNEHMER-GEN

Dr. Dr. Georg-Michael Henrich stammt aus einer klassischen Mediziner-Familie. Der Vater war Internist und die Mutter Apothekerin. Doch die Generationen vorher waren nicht medizinisch geprägt. In der Familie sind selbstständige Handwerker, Winzer, Lehrer und Gastwirte bis hin zu leitenden Positionen wie Bürgermeister oder Vorstand im Winzerverein zu finden. So war es nicht zwingend der Mediziner-Anteil in der Familie, der Dr. Dr. Georg-Michael Henrich zu seinem Beruf brachte. Ein wichtiger Faktor bei seiner Berufswahl war der Wunsch nach Selbstständigkeit. Das zweite Element war die Verbundenheit zum Handwerk. So begann seine „handwerkliche Ausbildung" schon mit 4 Jahren in der Werkstatt seines Großvaters, der Sattler-Polsterer-Dekorateur war.

Die Praxis von Dr. Dr. Henrichs Vater befand sich im Nebengebäude des Elternhauses. So konnte er als Jugendlicher direkt miterleben, was es bedeutet, eine eigene Praxis zu haben. Diese Erfahrung, kombiniert mit einer ordentlichen Portion Selbstvertrauen und Optimismus, war die Basis für einen erfolgreichen Start seiner Karriere.

Neben seinem Elternhaus prägte den sympathischen Arzt sicher auch das Studium der Humanmedizin in Italien. Dort entdeckte er auch seine Leidenschaft für das Segeln und lernte Probleme aus mehreren Perspektiven zu betrachten und sich verschiedene Lösungswege zum Ziel zu erarbeiten. In diese Zeit fällt auch die erste Episode einer unternehmerischen Tätigkeit: Dr. Dr. Georg-Michael Henrich entwickelte im Vergleich zu Wettbewerbsmodellen innovative und effiziente Heizkamine aus Stahl mit Glasfenstern zur Warmwasser- und Warmluftheizung, die er in einem lokalen Metallverarbeitungsbetrieb in Kleinserien bauen ließ, verkaufte und montierte. Heute ist Dr. Dr. Georg Henrich stolz darauf, dass all seine Kamine nach rund 40 Jahren noch funktionieren. Aus Rücksicht auf sein Studium führte er die Tätigkeit jedoch nicht fort.

Nach dem erfolgreichen Studienabschluss in Italien zog er nach Mainz, wo er Zahnmedizin studierte und in der Uniklinik Mainz eine Weiterbildung zum Arzt für Mund-, Kiefer- und Gesichtschirurgie (MKG) mit dem Zusatz plastische Operationen absolvierte. Während seiner anschließenden 18-monatigen Tätigkeit in der Akademie für zahnärztliche Fortbildung in Karlsruhe sammelte der junge Arzt Erfahrungen in der Zusammenarbeit mit Zahnärzten.

1999 ergreift Dr. Dr. Georg-Michael Henrich die Chance, sich mit dem Kauf einer mund-, kiefer- und gesichtschirurgischen Praxis in Bad Homburg selbstständig zu machen. Durch seine fundierte fachliche Ausbildung und Erfahrung bestand die damalige Herausforderung hauptsächlich in der für ihn neuen Rolle als Unternehmer und Führungsperson, auf die er nicht vorbereitet war. Dem Arzt und Zahnarzt wurde schnell klar, dass die fachliche Qualifikation nur einen Teil der für einen wirtschaftlichen Erfolg nötigen Fähigkeiten darstellte. Für die ebenfalls wichtigen Bereiche der Kommunikation und Führung musste er den „gesunden Menschenverstand" mit der Frucht der täglichen positiven und negativen (manchmal auch teuren) Erfahrungen und einigen Seminaren ergänzen. Rückblickend hätte er sich gewünscht, diesen Fähigkeiten schon während des Studiums oder als angestellter Arzt mehr Bedeutung beigemessen zu haben.

Dr. Dr. Georg-Michael Henrich brauchte etwa ein Jahr, bis er seine langfristigen Ziele für die Praxis genau definieren konnte. Ein Satz von Seneca, der ihn auch wegen seiner Leidenschaft für das Segeln besonders ansprach, zeigte ihm dabei den Weg: „Für den, der nicht weiß, welchen Hafen er ansteuern soll, gibt es keinen günstigen Wind."

Der Mediziner war sich sicher, dass sich die Praxis der Zukunft in wesentlichen Punkten von den traditionellen Modellen unterscheiden muss. Dr. Dr. Georg-Michael Henrich sah sie in einem MKG-chirurgischen-zahnmedizinischen Kompetenzzentrum mit professioneller unternehmerischer Leitung, in dem alle Spezialisten der Teilfächer unter einem Dach zusammenarbeiten. Diese Vorstellung hat er mit der Avadent Clinic umgesetzt.

FRAGEN AN DR. DR. GEORG-MICHAEL HENRICH

Herr Dr. Dr. Henrich, Sympathie nimmt für Sie einen hohen Stellenwert für den Erfolg in Ihrer Branche ein. Was sind die wesentlichen Sympathie-Faktoren der Avadent Clinic?

Bei uns in der Avadent Clinic gehen die Ärzte tatsächlich auf die Patienten ein, nehmen sich Zeit für sie – angefangen vom persönlichen Abholen aus dem Wartezimmer über ein ausführliches Beratungsgespräch vor der Behandlung und die einfühlsame Behandlung selbst bis hin zu dem Abschlussgespräch mit der Besprechung der nächsten Schritte.

Dabei steht das Wohl des Patienten stets im Fokus. Die Ärzte und Zahnärzte bei uns haben ihre Menschlichkeit bewahrt und das spüren die Patienten. Genauso wie sie die Herzlichkeit des gesamten Teams wahrnehmen, das den Patienten gegenüber, aber auch untereinander, stets zuvorkommend und freundlich ist.

Wie zeichnet sich Exzellenz in der Avadent Clinic aus?
Wie ist Ihres Erachtens hier das Wechselspiel zwischen Sympathie und Exzellenz?

Die Exzellenz in der Avadent Clinic spiegelt sich in der hohen Qualität der Behandlungen, den ausführlichen Beratungen und auch der hohen technischen Ausstattung unserer Praxis wider.

Das Wichtigste ist jedoch unser Anliegen, stets das Beste für den Patienten zu wollen. Damit sich die Patienten stets „rundum gut aufgehoben fühlen", nimmt die Herzlichkeit und Fürsorge aller Mitarbeiter/-innen einen hohen Stellenwert ein. Genau hier kommt die Wechselwirkung zwischen Sympathie und Exzellenz bei uns zum Tragen.

Zugang zum Wartebereich und allen Behandlungsräumen

Wie leben und fördern Sie die Exzellenz in der Avadent Clinic?

Wir fördern die Exzellenz durch Wertschätzung gegenüber den Patienten, Partnern, Lieferanten, Kollegen und Mitarbeitern. Dabei bieten wir selbst die bestmögliche Ausbildung für unsere Kollegen und Mitarbeiter/-innen und unterstützen sie bei weiterführenden Fort- und Weiterbildungen – auch mit der dazu notwendigen flexiblen Arbeitszeitgestaltung. Das – sowie das Arbeiten in festen Teams – schafft die Grundlage, um den höchsten Ansprüchen in allen Arbeitsbereichen gerecht zu werden. Gute Wiedereinstiegsmöglichkeiten nach der Elternzeit sind ebenso eine Selbstverständlichkeit wie jederzeit ein offenes Ohr vonseiten der Geschäftsleitung für alle Mitarbeiter/-innen – dazu zählen auch unsere Auszubildenden. Regelmäßige Teambesprechungen sowie die Stärkung von Teambildung durch gemeinsame sportliche Aktivitäten und Events runden unser Streben nach Exzellenz ab.

Ein starkes Team: Dr. Michael Hanke (links) und Dr. Dr. Georg-Michael Henrich

AVADENT CLINIC: MIT KOMPETENZBÜNDELUNG ZUM WETTBEWERBSVORTEIL

Das Konzept der Avadent Clinic, alle Spezialisten unter einem Dach zu vereinen, kommt bei den Patienten sehr gut an. In den Anfangsjahren der Praxis waren jährliche Wachstumsraten von 20–25 % keine Seltenheit, sodass die Praxisräume in Bad Homburg auch aufgrund der notwendigen Einführung eines Schichtdienstes und von Sprechstunden am Samstag schnell zu klein wurden. Der Umzug in das neue Praxisgebäude mit 850 qm Nutzfläche unterstützte das Wachstum weiter und verdeutlichte einmal mehr den Wettbewerbsvorteil des MKG-chirurgischen-zahnärztlichen Kompetenzzentrums gegenüber

Liebevolle Details finden sich in allen Räumen

Einzel- oder Gemeinschaftspraxen ohne Spezialisierung. Vor diesem Hintergrund wagte Dr. Dr. Henrich 2008 die Gründung einer Niederlassung, indem er eine Zahnarztpraxis in Kronberg übernahm. Das Konzept wurde an die Gegebenheiten vor Ort angepasst und leistet heute ebenfalls seinen Beitrag zum Erfolg. Nach diesem gelungenen Start folgte 2017 die Übernahme einer weiteren Praxis in Friedrichsdorf-Köppern. In diesem Zuge wurden außerdem medizinische Versorgungszentren in Bad Homburg, Kronberg und Friedrichsdorf-Köppern gegründet. Eine deutlich größere Herausforderung als die Praxiserweiterung und der Aufbau von Niederlassungen war für den geschäftsführenden Gesellschafter, das immer größer werdende Team zu führen. Eine sehr große Hilfe bei dieser neuen Aufgabe waren Dr. Dr. Henrich die Seminare des SchmidtCollegs und die Workshops mit Dr. Dr. Cay von Fournier, dem er sich mittlerweile freundschaftlich sehr verbunden fühlt. Neben allgemeinen Beratungen legte vor allem die Entwicklung des Leitbildes den Grundstein für den weiteren Erfolg der Avadent Clinic.

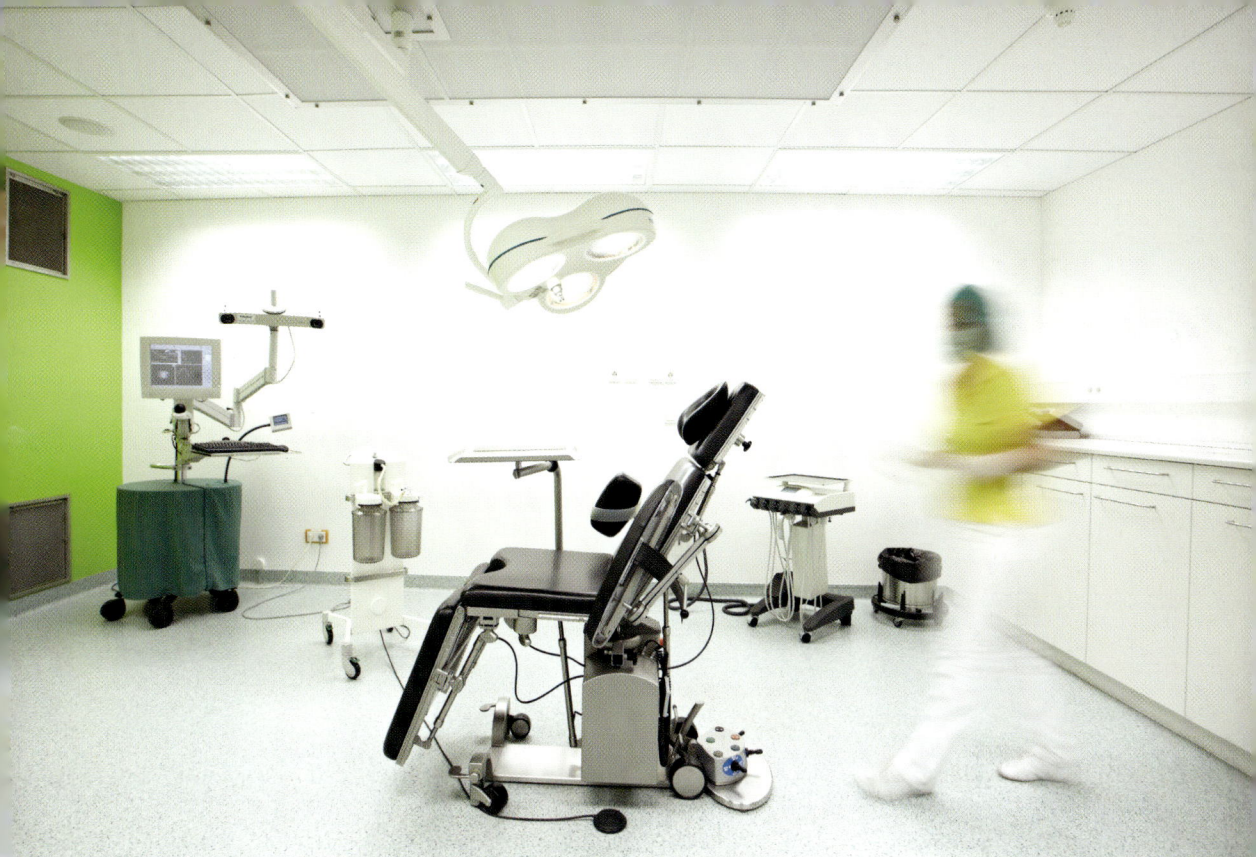

Operationsraum der Avadent Clinic Bad Homburg

DAS LEITBILD ALS BASIS FÜR EINE ERFOLGREICHE ZUKUNFT

Der Vision, dass Avadent der führende Anbieter zahnmedizinischer Versorgung (einschließlich Mund-, Kiefer- und Gesichtschirurgie) im Rhein-Main-Gebiet ist, kommt das Team jeden Tag ein wenig näher. Gleich in welchem Bereich – die Avadent Clinic versorgt sowohl Kassen- als auch Privatpatienten in jedem Alter auf höchstem Niveau – serviceorientiert zu ungewöhnlich langen Praxiszeiten (Montag bis Freitag von 7:30 Uhr bis 21:00 Uhr sowie am Samstag von 7:30 Uhr bis 14:00 Uhr). Nicht zuletzt profitieren die Patienten vom eigenen zahnärztlichen Notdienst.

Die Unternehmensphilosophie leitet sich direkt aus der Vision ab: Avadent bietet den Patienten eine bestmögliche zahnmedizinische Versorgung nach neuesten wissenschaftlichen Standards und Gerätetechnologien sowie einen umfassenden Patientenservice. Dieser Anspruch findet auch Ausdruck in dem Unternehmensclaim „Zahnmedizin einer neuen Generation".

Doch dieser Claim ist für das Avadent Team kein Lippenbekenntnis, sondern Zustandsbeschreibung und Leitmotiv des täglichen Handels in gleichem Maße. In diesem Sinne fordert und fördert Avadent die Leistungsbereitschaft und unterstützt die persönliche und fachliche Weiterentwicklung der Zahnärzte und Mitarbeiter/-innen.

Jeden Tag geht das Team mit Leidenschaft an die Arbeit, um die gesteckten Ziele zu erreichen. Dazu zählen zufriedene Patienten und deren Weiterempfehlungen genauso wie zufriedene Mitarbeiter/-innen, die stolz darauf sind, in der Avadent Clinic zu arbeiten. Des Weiteren sollen die Marktführerschaft in der Region ausgebaut und die Marke Avadent als Synonym für zahnmedizinische Behandlungen von höchster Qualität positioniert werden.

Um diese Ziele zu erreichen, lebt das Team die in einem Workshop mit Cay von Fournier formulierten Werte jeden Tag im Umgang mit den Patienten, Partnern, Lieferanten, Mitarbeitern und Kollegen. Alle Mitarbeiter/-innen stehen verlässlich zu ihrem Wort, man ist herzlich und hat immer ein offenes Ohr für Sorgen oder Wünsche. Die Patienten werden als Persönlichkeiten mit individuellen Bedürfnissen gesehen und deren Probleme lösungsorientiert behandelt. Als mittelständisches Unternehmen stellt sich die Avadent Clinic dabei ihrer gesellschaftlichen Verantwortung, indem sie soziale Projekte initiiert und durchführt.

Avadent kombiniert die individuelle und persönliche Betreuung der Patienten durch den persönlichen Zahnarzt mit der Behandlung von komplexen Situationen durch ausgewiesene Spezialisten in allen relevanten Bereichen und moderner zahnärztlicher Versorgung unter einem Dach. So verwundert es nicht, dass die Avadent Clinic monatlich einen Zuwachs von 200 bis 250 neuen Patienten verzeichnen darf. Ein Indiz dafür, dass Dr. Dr. Henrich zusammen mit seinem Ärzte- und Mitarbeiterteam auf das richtige Konzept für die Zukunft setzt.

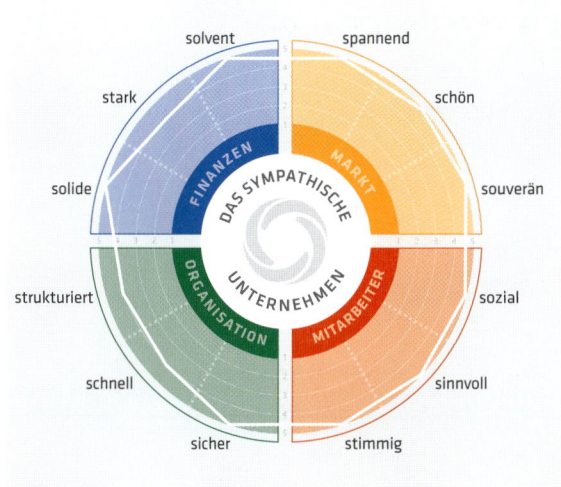

MEIN FAZIT

Gesundheit ist das wichtigste Gut und darum ist es umso wichtiger, dass auch Unternehmen, die in diesem Bereich tätig sind, sich auf eine exzellente Führung und ein gesundes Wachstum konzentrieren. Viel zu oft werden beide Bereiche – Wirtschaft und Gesundheit – nur einseitig gesehen. Die Integration beider Kompetenzen ist sowohl die Essenz meiner Tätigkeit als auch die Essenz der Avadent Clinic und die Umsetzungsstärke von Dr. Dr. Georg-Michael Henrich, der die Praxis zusammen mit seinen Kollegen Dres. Sabine und Michael Hanke und Stephan Schmidt ganz exzellent zu einem vitalen und sympathischen Unternehmen entwickelt hat. Hier bekommt der Patient nicht nur die bestmögliche Behandlung und exzellente Qualität, sondern der Patient fühlt sich auch als Kunde. Dazu braucht es Service, Individualität und gelebte Werte, die die Avadent Clinic nicht nur zu einem sympathischen Unternehmen machen, sondern auch zu einem ganz besonderen Ort, an dem medizinische Spitzenleistung unternehmerische Exzellenz trifft. Das ganze Team beweist jeden Tag aufs Neue, dass medizinische Ethik sowie die Fürsorge für den Patienten gleichzeitig mit Wirtschaftlichkeit und einer begeisternden Unternehmenskultur zu vereinbaren sind und sich sogar gegenseitig bestärken. Die Avadent Clinic ist ein echter „Hidden Champion".

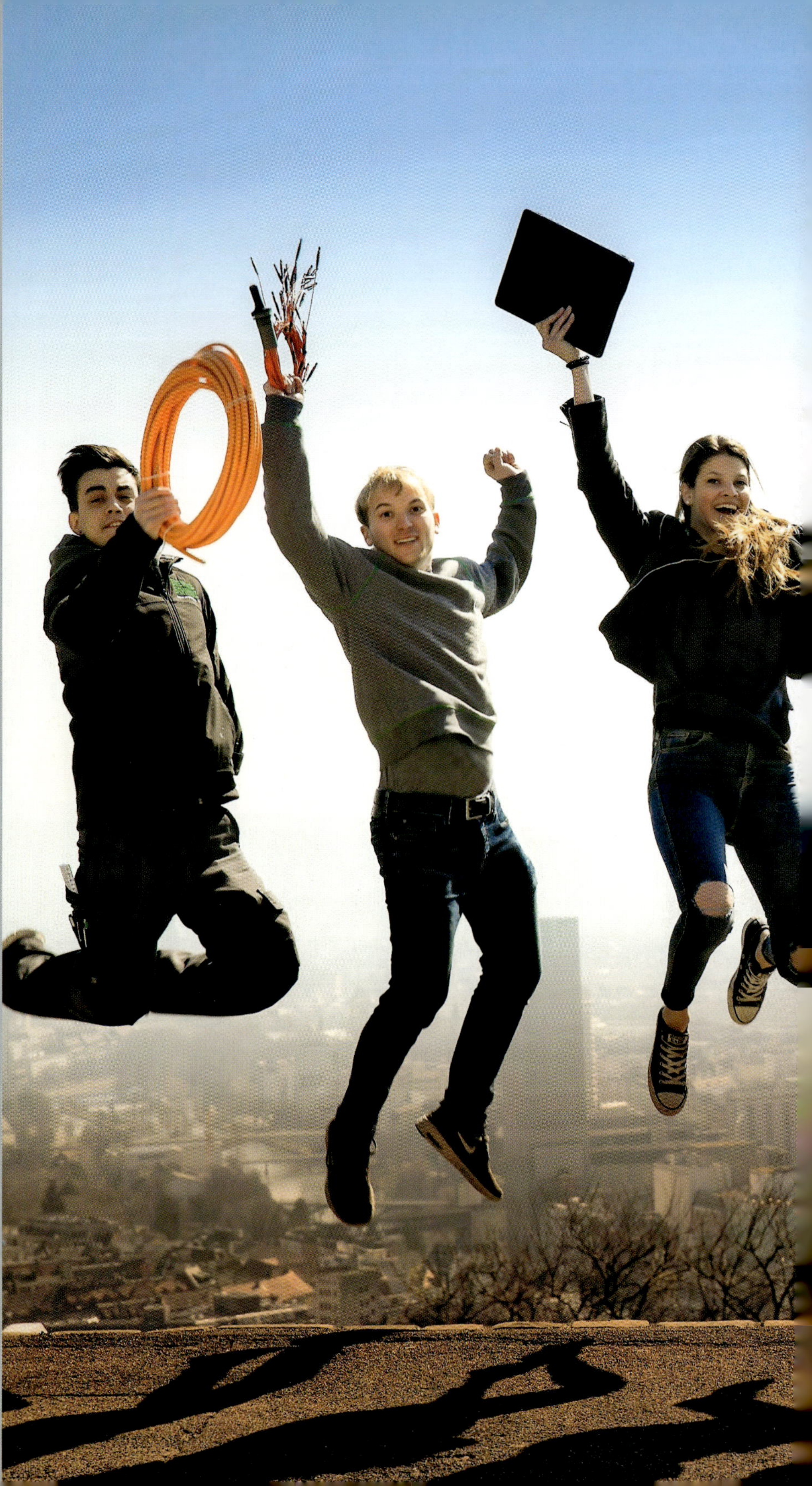

Mitarbeiter
81 Mitarbeiter,
davon 19 Azubis

Umsatz
13,5 Mio. Franken

Kunden
1.500

Unternehmen
5 Standorte im Raum
Zürich unter dem Dach
der AG

Adresse
Baslerstr. 125,
CH-8048 Zürich

Internet
www.brem-schwarz.ch

In exzellenter Anwendung

Energie durch Leidenschaft

URS CLEMENT UND MATO KELAVA

BREM + SCHWARZ ELEKTROINSTALLATIONEN AG

Die Zentrale in Zürich

BREM+ϵ
SCHWARZ
Elektroinstallationen AG

Die Brem + Schwarz Elektroinstallationen AG ist ein UGU (Unternehmer geführtes Unternehmen), das ihre Dienstleistungen in den fünf Bereichen Elektroinstallationen, Telekommunikation, Service & Unterhalt, Gewerbe & Industrie und Installationskontrollen anbietet. Vergleicht man das Unternehmen mit einem Spitzensprinter, so lassen sich viele Parallelen feststellen. Eigenschaften wie Konzentration aufs Wesentliche, Professionalität und der absolute Wille, sein Ziel zu erreichen, sind der Garant für den Erfolg – auf der Laufbahn wie auch in der Geschäftswelt. Von der perfekten Vorbereitung über den punktgenauen Start und das optimal verlaufende Rennen bis hin zum erfolgreichen Zieleinlauf – sprich: von der Evaluationsphase bis zum Abschluss inklusive zufriedenem Kunden –, so werden Projekte bei Brem + Schwarz angegangen und abgeschlossen. Am Ende stehen nur Gewinner auf dem Podest – ganz zuoberst ein glücklicher Auftraggeber und somit auch die Brem + Schwarz Elektroinstallationen AG. Die Zufriedenheit der Kunden und Mitarbeiter, die tägliche Freude an der Arbeit und das Bestreben, ihre Wünsche zu erfüllen, sind der Garant für den zuverlässigen und leistungsstarken Service von Brem + Schwarz. Glaubwürdigkeit und Verlässlichkeit spielen dabei für das Unternehmen eine entscheidende Rolle – denn Elektro- und Netzwerkinstallationen sind Vertrauenssache. Deshalb arbeitet das Unternehmen professionell, seriös und qualitätsbewusst, sodass die Brem + Schwarz Elektroinstallationen AG auch sehr anspruchsvolle Kunden zufriedenstellt.

HISTORIE

1978 Gründung des Elektroinstallationsunternehmens Brem + Schwarz Elektroinstallationen AG

1983 Eintritt von Urs Clement als Lehrling

1986 Beschäftigung von 15 Mitarbeitern bei Brem + Schwarz

1988 Austritt von Konrad Schwarz aus privaten Gründen

1995 Urs Clement kauft die ersten Aktien von Brem + Schwarz

1996 Firmengründer Jürg Brem überträgt die Aufgabe der Geschäftsführung dem damals 29-jährigen Urs Clement. In der Folge zieht sich Jürg Brem weitgehend aus dem Tagesgeschäft zurück

1998 Der 30. Mitarbeiter wird im Unternehmen eingestellt

1999 Urs Clement übernimmt die Aktienmehrheit und Jürg Brem steigt operativ aus dem Unternehmen aus

2002 Eintritt von Mato Kelava als Lehrling

2008 Urs Clement wird Alleinaktionär

2011 Gründung der Brand „Lakeside Power" an der Goldküste

2012 Gründung der Brand „Willi-Strom"

2013 Das Unternehmen beschäftigt 60 Mitarbeiter

2014 Gründung der Niederlassungen Zürich-Nord und Zürich-West

2015 Mato Kelava wird Niederlassungsleiter in Zürich und erwirbt erste Beteiligung

2016 Das Unternehmen beschäftigt 80 Mitarbeiter, davon 17 Lehrlinge, und ist schweizweit erfolgreich tätig

URS CLEMENT: UNTERNEHMER AUS LEIDENSCHAFT

Die Karriere bei Brem + Schwarz startete für Urs Clement mit einer Berufslehre. Bereits im zweiten Jahr seiner Lehre stand für ihn fest, dass die Selbstständigkeit das erstrebenswerte Ziel war. Dem jungen Lehrling war klar, dass dies ein langer Weg sein würde, aber das hielt ihn von der Verfolgung dieses Zieles nicht ab. Nach erfolgreicher Lehre folgte somit eine Weiterbildung, um die für die Selbstständigkeit notwendige Konzession zu erlangen. Mit 26 Jahren war Urs Clement dann bereit, in die Selbstständigkeit durchzustarten. So suchte er das Gespräch mit seinem damaligen Chef Jürg Brem, um die zwei Optionen der Selbstständigkeit mit oder ohne Brem + Schwarz zu diskutieren. Ohne Anwalt, sondern „nur" per Handschlag wurde zwischen den beiden vereinbart, dass Urs Clement in den nächsten 5 Jahren die Möglichkeit erhalten würde, die ersten Anteile von dem Unternehmen Brem + Schwarz zu erwerben. Für Jürg Brem bedeutete dies das Loslassen vom Tagesgeschäft und den Zugewinn von Freiheit, die er entsprechend zu schätzen wusste. Nachdem Urs Clement die Aktienmehrheit übernommen hatte, schied Jürg Brem vollständig aus dem Unternehmen aus. Sein ehemaliger Chef gilt für Urs Clement nach wie vor als berufliches Vorbild – nicht in sachlicher und auch nicht in unternehmerischer Hinsicht, aber in Bezug auf Menschlichkeit. Eine Charaktereigenschaft, die Vorgänger und Nachfolger vereint. Die beiden Unternehmer haben sich gegenseitig vertraut und aufeinander eingelassen. Vertrauen stellt für Urs Clement sowohl im privaten als auch im beruflichen Kontext einen zentralen Wert dar – nach seinem Lieblingszitat von Theodor Heuss: „Wer immer die Wahrheit sagt, kann sich ein schlechtes Gedächtnis leisten."

Bis 2006 – so sagt der Unternehmer heute selbst – hat er Brem + Schwarz als Handwerker geführt. Das hatte sein Vorgänger Jürg Brem zwar auch so gemacht, aber dem jungen Unternehmer wurde bewusst, dass dies nicht mehr zum Erfolg ausreicht. Ihm war klar, dass Brem + Schwarz unternehmerisch geführt werden muss, um künftig erfolgreich zu sein. So wurde 2006 das

UnternehmerEnergie-Seminar in Nürnberg besucht, das die Grundlage für den zukünftigen Erfolg bildete. Workshops mit Cay von Fournier in den darauffolgenden Jahren sicherten die einwandfreie Umsetzung von Unternehmer-Energie bei dem Unternehmen Brem + Schwarz – angefangen von der Leitbildentwicklung über die Organisationsentwicklung bis hin zur Einführung von Mitarbeitergesprächen. So kann Urs Clement heute auf eine erfolgreiche Entwicklung seines Unternehmens zurückschauen, dessen Übergabe an die nächste Generation er bereits eingeleitet hat. So wie er damals als Lehrling in das Unternehmen einstieg und ihm die Chance gegeben wurde, Anteile zu erwerben, so hat er seinem in 2002 als Lehrling in das Unternehmen eingetretenen Mitarbeiter Mato Kelava 2015 die Chance eingeräumt, eine Beteiligung zu erwerben.

An einen kompletten Ausstieg denkt der sympathische Unternehmer aber noch nicht, obwohl ihm schon mehrere, sehr lukrative Angebote für die Übernahme seines Unternehmens gemacht wurden. Dafür hat er viel zu viel Freude an der Arbeit und der Disziplin – beides Eigenschaften, die seine erfolgreiche Karriere begleitet haben. So geht er nach wie vor jeden Morgen um 5:30 Uhr ins Büro, um die Fleißarbeiten früh zu erledigen und danach Zeit für die Mitarbeiter zu haben. Denn Urs Clement weiß, der Erfolg des Unternehmens hängt nicht nur von seiner Leidenschaft als Unternehmer ab, sondern wird auch von motivierten Mitarbeitern getragen – und diese fühlen sich von seiner Leidenschaft energetisiert.

FRAGEN AN URS CLEMENT

Herr Clement, was verbinden Sie mit „Exzellenz"?

> Exzellenz heißt für mich, Entscheidungsfreiheit sowie Freude an der Arbeit mit fröhlichen Mitarbeitern zu haben. Wenn ich meine Führungscrew betrachte und die ihre Führungsaufgabe besser meistert als ich selber, dann ist das für mich Exzellenz. Des Weiteren zählen für mich dazu eine authentische Lebensweise und zu Fehlern zu stehen sowie

zuverlässig zu sein und auf Details zu achten. Und ganz wichtig für mich dabei ist, dass wir das tun, was wir sagen.

Welchen Stellenwert nimmt die Sympathie im Streben Ihres Unternehmens nach Exzellenz ein?

Sympathie nimmt für mich einen sehr großen Stellenwert im Streben nach Exzellenz ein! Sympathie hat für mich sehr viel mit Menschen zu tun. Auch in der Zukunft wird der Mensch das Differenzierungskriterium sein. Wenn ich auf einen Menschen treffe, den ich sympathisch und klasse finde, aber derzeit gar nicht brauche, stelle ich ihn direkt ein. Denn sicher ist, dass ich ihn in Zukunft brauchen werde.

Herr Clement, Ihr Unternehmen wird als sympathisch wahrgenommen. Was sind Ihres Erachtens hier die Erfolgsfaktoren?

Das Wichtigste, um als Unternehmen sympathisch wahrgenommen zu werden, ist der Mensch selbst – unterstützt durch das Erscheinungsbild der Mitarbeiter und des Unternehmens insgesamt. So legen wir bei Brem + Schwarz sehr hohen Wert auf den Auftritt unseres Unternehmens – angefangen von der Kleidung unserer Mitarbeiter bis hin zu unseren über 60 Firmenfahrzeugen. Auch von unseren Mitarbeitern selbst werden wir als sympathisches Unternehmen wahrgenommen. Dies zeigen die sehr vielen langjährigen Mitarbeiter, die wiederum auch anderen Menschen empfehlen, sich bei uns zu bewerben. Fluktuationen gibt es in unserem Unternehmen eigentlich nur, wenn eine Weiterbildung ansteht, die wir nicht bieten können – wie beispielsweise ein Studium und danach einen adäquaten Arbeitsplatz. Ein fairer Umgang mit den Mitarbeitern und eine gute Fehlerkultur sind nur beispielhafte Faktoren, die uns so sympathisch bei unseren Mitarbeitern machen. Das Gleiche gilt auch für die Vertriebspartner, bei denen jede berechtigte Rechnung pünktlich bezahlt wird – in unserer Branche keine Selbstverständlichkeit, für uns aber schon.

BREM + SCHWARZ ELEKTROINSTALLATIONEN AG: MIT FREUDE AN DER ARBEIT

Der Markt der Elektroinstallationsunternehmen ist seit Jahrzehnten einem unerbittlichen Verdrängungskampf ausgesetzt. Aufträge ab einem bestimmten Volumen sind nur mit wesentlichen Preiskonzessionen zu erhalten. Große Unternehmen am Markt leisten sich einen erbitterten Preiskampf und finden für ihr Handeln immer wieder unglaubwürdige und sinnlose Begründungen. Sie überleben den ruinösen Preiskampf nur deshalb, weil auch sie über Kunden verfügen, die für fachmännisch hervorragende Leistungen bereit sind, einen fairen Preis zu bezahlen und so die hoch unrentablen Abteilungen quersubventionieren können. Am Schluss bleibt aber der unnötige Überlebenskampf. Bauherrschaften wären durchaus bereit, angemessene Preise zu bezahlen.Während der letzten Jahre der Hochkonjunktur wurden oft Werte vernichtet anstatt geschaffen. Sobald die kleinen und mittleren Unternehmen auch meinen, dass sie in diesem Markt mitbieten müssen, sind deren Existenzen sehr stark gefährdet. Die Brem + Schwarz Elektroinstallationen AG hat diesen ruinösen Markt bereits vor Jahren verlassen und sich auf ein sehr anspruchsvolles Kundensegment konzentriert.

Die Zufriedenheit der Mitarbeiter sowie der Kunden und die tägliche Freude an der Arbeit sprechen für sich. Sozusagen als „Abfallprodukt" haben sich auch die Erfolgsrechnung, die Bilanz und nicht zuletzt die Liquidität so positiv entwickelt, dass das Unternehmen Investitionen tätigen kann, von denen es früher nur träumen konnte. Dass auch das Selbstbewusstsein von Brem + Schwarz mit dieser Entwicklung Schritt gehalten hat, sei hier nur am Rande erwähnt. Dabei steht das Unternehmen in voller Verantwortung zu seinem Handeln. Glaubwürdigkeit und Verlässlichkeit spielen für das Unternehmen die entscheidende Rolle. Es konzentriert seine Kräfte dabei mit Leidenschaft auf seine anspruchsvollen Kunden.

MOTIVIERTE MITARBEITER ALS SCHLÜSSEL ZUM ERFOLG

Zu der erfolgreichen Entwicklung von Brem + Schwarz haben vor allem die motivierten und zufriedenen Mitarbeiterinnen und Mitarbeiter beigetragen. Nur durch sie war und ist es möglich, das Weiterbestehen des Unternehmens zu sichern. Dabei haben sich Werte wie offene Kommunikation, kontinuierliche und zielbewusste Weiterbildung, gegenseitiger Respekt und Ehrlichkeit sowie eine ausgeprägte Eigenverantwortung im Laufe der Jahre zu den Grundpfeilern der familiären und kollegialen Unternehmenskultur entwickelt.

Um die Mitarbeiter von Brem + Schwarz weiter zu fordern und zu fördern, wurde auf Empfehlung von Cay von Fournier 2016 die Brem + Schwarz Akademie gegründet. Die Akademie bietet den Mitarbeitern in den verschiedensten Bereichen Weiterbildungsmöglichkeiten. Dabei steht die fachliche Weiterbildung für Installateure und Lehrlinge im Vordergrund. Darüber hinaus werden Weiterbildungen zu Themen wie Persönlichkeitsbildung, Verhalten beim Kunden, Arbeitssicherheit, Erste-Hilfe-Kurse und die Leadership-Ausbildung LP3 angeboten. Die Akademie hat einen eigens eingerichteten Seminarraum mit modernster Technik in der Niederlassung Zürich-West in Schlieren. Dieser Raum, der für Gruppengrößen bis 40 Personen ausgelegt ist, kann auch von Vereinen und Non-Profit-Organisationen kostenlos gemietet werden.

UMWELTSCHUTZ ALS SELBSTVERSTÄNDLICHKEIT

Neben der Unterstützung von gemeinnützigen Organisationen wird bei Brem + Schwarz Umweltschutz großgeschrieben. Aus branchentechnischer Sicht verarbeitet das Unternehmen mit Kupfer, Aluminium und halogenfreiem PVC Rohstoffe, die in den natürlichen Kreislauf zurückgeführt werden können. Mit der konsequenten Trennung von Kupfer, Aluminium und anderen Metallen, Papier und Karton, Batterien, asbesthaltigem Eternit und sogar von PET-Flaschen der Mitarbeiter leistet das Unternehmen den größtmöglichen Beitrag zur Rückführung der Rohstoffe.

Als Beitrag zum möglichst effizienten Verbrauch der Energie hat sich die Brem + Schwarz Elektroinstallationen AG einem Förderprogramm der Stadt Zürich angeschlossen und alle möglichen Punkte zur Energieeinsparung umgesetzt. Bei der Neuanschaffung von Fahrzeugen wird darauf geachtet, dass entweder Fahrzeuge mit Hybridantrieb oder solche mit einer möglichst effizienten Energieklasse angeschafft werden. Um diese Maßnahmen auch im privaten Bereich der Mitarbeiter umzusetzen, wird den Mitarbeitern die Möglichkeit geboten, gegen eine kleine Entschädigung das Firmenfahrzeug auch für private Fahrten zu benutzen. Dies trägt nicht nur zum Umweltschutz, sondern auch wiederum zu motivierten Mitarbeitern und noch mehr Freude beim Arbeiten bei, was bei Brem + Schwarz die Basis des Erfolgs ist.

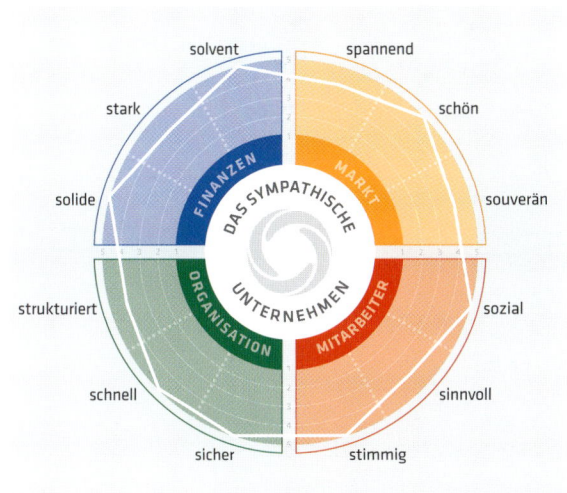

MEIN FAZIT

Energie durch Leidenschaft – das habe ich bei Urs Clement sofort gespürt, als ich ihn das erste Mal im Seminar UnternehmerEnergie traf. Die Sympathie eines Unternehmens hängt stark mit der Sympathie des Unternehmers zusammen – Sympathie aus Sicht seiner Kunden und seiner Mitarbeiter. Die exzellente Entwicklung von Brem + Schwarz zeigt, was unternehmerisch geführte Unternehmen ausmacht: Es ist die Willenskraft und die unternehmerische Energie der handelnden Personen. Neben vielen Faktoren, die mich bei Brem + Schwarz faszinieren, ist es für mich vor allem der Umgang mit Menschen, der hervorsticht. Die reine Technik können viele anbieten, aber auch im Handwerk macht der Faktor Mensch den Unterschied. Sowohl die Kunden, die zu echten Fans werden und die Zuverlässigkeit und Qualität der Arbeit sehr schätzen, als auch die Mitarbeiter, zu denen Urs Clement einen sehr direkten Draht hat, stehen im Mittelpunkt. Brem + Schwarz ist ein sehr sympathisches Unternehmen, das durch einen sympathischen Unternehmer geprägt wird, mit UnternehmerEnergie den Weg zur Exzellenz eingeschlagen hat und diesen bereits erfolgreich geht.

Mitarbeiter
75, davon 9 Auszubildende

Kunden
> 50

Telefonate
> 500.000/Jahr

Umsatz
> 2 Mio. Euro

Standorte
2

Adresse
Weiherstraße 19,
95448 Bayreuth

Internet
www.communicall.de

UnternehmerEnergie®
In exzellenter Anwendung

Das Unternehmen als Wohlfühl-Oase

SABINE KUROPKA UND PETER EICHMÜLLER

COMMUNICALL GMBH

Die communicall GmbH: Ein starkes Team

communicall versteht sich seit seiner Gründung im Jahre 2003 als Premium-Partner für anspruchsvolle Kundenprojekte im Business Dialog Marketing und hat sich auf Vertriebssupport für Industrieunternehmen spezialisiert. Das Unternehmen setzt hohe Qualitätsstandards in Bezug auf moderne Kommunikationstechniken, bei der kontinuierlichen Aus- und Weiterbildung seiner Mitarbeiterinnen und Mitarbeiter sowie der Optimierung von Prozessen. In enger Kooperation mit den Auftraggebern werden die Projekte geplant und abgestimmt. Durch regelmäßiges Reporting wird der Kunde permanent auf dem aktuellen Stand des Projektfortschritts und dem jeweiligen Stand der Dinge gehalten. Ziel des Bayreuther Dienstleisters ist es, in komplexer werdenden Märkten Informationen an den Kunden schnell, zuverlässig und flexibel zu transportieren, aber auch die verschiedenen Bereiche eines Unternehmens stets erreichbar zu machen, ganz gleich, ob es um eine Sekretariatshotline, die Übernahme der Telefonzentrale, die Bestellannahme, das Backoffice für den Außendienst, die Bearbeitung von Reklamationen oder eine Hotline bei Störungen geht. communicall versteht sich als Schnittstelle zwischen dem Unternehmen und seinen Kunden. Dieser Anspruch entspringt dem Leitbild des Bayreuther Unternehmens, das in seiner Branche nicht zu den Größten, aber sicherlich zu den Besten zählt.

HISTORIE

1996 Peter Eichmüller schließt sein BWL-Studium an der Universität Bayreuth erfolgreich als Diplom-Kaufmann ab. Seine Diplomarbeit befasst sich mit dem Thema „Marketingkonzepte für innovative Beton-Fertigteilprodukte"

1997 Peter Eichmüller kommt bei seinem ersten Arbeitgeber, der Fa. Zapf Garagen in Bayreuth, erstmals mit dem Thema Callcenter in Berührung und baut ein Inhouse-Callcenter auf. Das Thema fasziniert ihn mehr und mehr

1999 Peter Eichmüller macht sich als Trainer und Berater für Callcenter selbstständig

2002 Peter Eichmüller lernt seine spätere Unternehmer-Kollegin Sabine Kuropka kennen, die zu dieser Zeit bereits Geschäftsführerin eines kleinen Callcenters in Bayreuth ist

2003 communicall wird in Bayreuth von Sabine Kuropka und Peter Eichmüller gegründet. Im März nimmt das Unternehmen seine Tätigkeit mit 30 Mitarbeitern auf

2004 Als Großkunden gewinnt communicall die Fa. Stäubli in Bayreuth, die deutsche Zentrale des Schweizer Konzerns, der mit 4.500 Mitarbeitern weltweit Textilmaschinen, Kupplungssysteme und Industrieroboter fertigt und vertreibt. Dies bildet auch den Startschuss für die Spezialisierung als Experten für Vertriebsunterstützung

2006 communicall ist Mit-Initiator für einen neuen Ausbildungsberuf, den der Kaufleute für Dialogmarketing. Heute gibt es für diesen Ausbildungszweig jährlich über 3.500 Auszubildende

2007 communicall kommt mit SchmidtColleg in Kontakt und besucht die ersten Seminare. Die Führungsphilosophie von UnternehmerEnergie hält Einzug in das Unternehmen

2012 communicall gewinnt den CCV Quality Award in der Kategorie Mitarbeiterorientierung und wird für sein Qualitätsmanagementsystem nach DIN EN 15838 zertifiziert

2016 communicall gewinnt den Award „Attraktivster Arbeitgeber der Branche" in der Kategorie Dienstleister des Call Center Clubs. Damit wird erneut die exzellente Mitarbeiterorientierung gewürdigt

SABINE KUROPKA UND PETER EICHMÜLLER – GESUCHT UND GEFUNDEN

In Bayreuth mit ca. 72.000 Einwohnern ist die Chance nicht so gering, dass man sich im Laufe seines Lebens einmal über den Weg läuft, gerade wenn man in der gleichen Branche tätig ist und die gleichen beruflichen Interessen verfolgt. Bei Sabine Kuropka und Peter Eichmüller war es kurz nach der Jahrtausendwende soweit. Nach kaufmännischer Ausbildung, Heirat und Gründung einer Familie leitete sie gemeinsam mit der Inhaberin ein kleines Callcenter. Er arbeitete nach dem Studium und den ersten Berufserfahrungen in einem Callcenter des Bosch-Konzerns. Sie kannte ihn flüchtig aus seiner Zeit als Trainer und Berater und wollte ihn für das Callcenter engagieren, für das sie verantwortlich war. Sie war der festen Überzeugung, dass Mitarbeiter geschult und trainiert werden müssen, wenn sie sich weiterentwickeln sollen. Er war mit dem, was er gerade tat, nicht so ganz glücklich. Was lag also näher, als gemeinsame Sache zu machen. Eine Frau, die ein Gespür dafür hatte, wie man Menschen für Ziele und Aufgaben gewinnt und ein Mann, der wusste, wie Callcenter idealerweise funktionieren.

ZWEI MIT DEM GLEICHEN ZIEL TUN SICH ZUSAMMEN ...

„Peter hat mich immer tiefer in das Thema Callcenter hineingeführt", sagt sie heute rückblickend. Es entstand in ihr der Wunsch nach einem Wechsel von der angestellten Geschäftsführerin zur selbstständigen Unternehmerin. Klein, aber fein sollte das Unternehmen sein, mit fest angestellten Mitarbeitern, zur damaligen Zeit nicht der Regelfall. Peter Eichmüller stieg mit ins Boot. Er kündigte bei Bosch und wurde Unternehmer. Zwei Dinge waren ihnen im eigenen Unternehmen wichtig: Kurze Entscheidungswege, naher Kundenkontakt. Neben dem neuen Unternehmen communicall hatte die Jungunternehmerin auch noch ihr „Unternehmen Familie" zu managen. Ihr Mann und die beiden Töchter, zum damaligen Zeitpunkt 11 und 9 Jahre alt, sollten nicht zu kurz kommen. „Ich musste lernen, wie Work-Life-Balance funktioniert." Sie besuchte Vorträge und Seminare, die ihr halfen, Unternehmertum und Familie in Einklang zu bringen. „Eine besondere Hilfe war mir ein Seminar von Schmidt-Colleg zum Thema Zeitmanagement. Private Termine müssen genauso in die Tagesplanung einfließen wie geschäftliche und haben die gleiche Priorität, wurde mir dort deutlich."

... UND ES FUNKTIONIERT AUCH HEUTE NOCH BESTENS

Die beiden Unternehmensgründer leiten auch heute noch die Geschicke des Unternehmens. Das funktioniert nach wie vor gut bzw. immer besser, weil sie die gleiche innere Einstellung zu ihrem Tun haben. Für beide ist es extrem wichtig, dass sich die Mitarbeiter im Unternehmen wohlfühlen. „Wir lieben Menschen", geben sie unumwunden zu. „Wir lieben aber auch unsere Kunden." Dabei kommt es auch schon mal vor, dass Aufträge abgelehnt werden, wenn man das Gefühl hat, nicht zusammenzupassen. So gleich Sabine Kuropka und Peter Eichmüller in ihrer Meinung sind, wie man ein Unternehmen führt, so unterschiedlich sind sie in ihren Aufgaben. Er, der operative Chef, der den Laden in Ordnung hält und gute Ideen am Fließband produziert. Sie, diejenige, die Ideen „verkaufen" kann, bei Mitarbeitern wie bei Kunden. Ein eingespieltes Duo also, das mit seinen Dienstleistungen „Service mit System" und „Rückenwind für den Vertrieb" bietet.

FRAGEN AN SABINE KUROPKA UND PETER EICHMÜLLER

Frau Kuropka, was zeichnet Ihrer Meinung nach ein sympathisches Unternehmen aus?

Sympathie für ein Unternehmen muss aus zweierlei Richtung kommen. Einmal vom Kunden. Wir verkaufen letztlich immer uns und unsere

Persönlichkeit. Der Kunde wird uns als sympathisch empfinden, wenn er merkt, dass wir mit Herzblut hinter ihm, seinem Unternehmen und seinen Produkten stehen. Partnerschaft und Zusammenarbeit funktionieren natürlich nur mit gegenseitiger Sympathie. Der Kunde muss auch uns sympathisch sein. In der Mitarbeiterbeziehung gilt natürlich das Gleiche. Es ist ein gegenseitiges Geben und Nehmen. Das ist die Grundlage für Sympathie unter den Menschen und im Unternehmen.

Herr Eichmüller, exzellente Leistungen sind eine wichtige Voraussetzung, damit ein Unternehmen auch sympathisch beim Kunden rüberkommt. Was bedeutet Exzellenz für Sie?

In unserem Leitbild haben wir hoch motivierte Mitarbeiter, zertifizierte Prozesse und innovative Technik als Schlüsselfaktoren für Qualität und Erfolg definiert. Exzellenz bedeutet für uns, dass wir permanent an diesen Schlüsselfaktoren arbeiten und uns Gedanken machen, wie wir noch besser, noch mitarbeiter- und kundenorientierter – eben exzellent – werden können.

In jedem Unternehmen passieren trotz aller Professionalität Fehler. Wie gehen Sie mit Fehlern in Ihrem Unternehmen um?

Offen, wertschätzend und proaktiv. Fehler passieren, das liegt in der Natur der Sache. Je eher man sie erkennt und gemeinsam an einer Lösung arbeitet, umso kleiner ist der entstandene Schaden. Das gilt auch und insbesondere für unsere eigenen Fehler!

Wenn Sie mir die drei wichtigsten Erfolgsfaktoren in Ihrem Unternehmen nennen müssten, welche sind das?

Engagement, Leidenschaft und Ehrlichkeit. Wir engagieren uns mit Lust und Herzblut für unsere Kunden und unsere Mitarbeiter. Das schätzen Mitarbeiter und Kunden und ist das Besondere, unser USP.

Wir sind leidenschaftlich bei dem, was wir tun, das erzeugt Begeisterung und Begeisterung bindet viel länger als jeder Vertrag. Und wir sind ehrlich. Ehrlich zu unseren Kunden, unseren Mitarbeitern und ehrlich zu uns selbst. Deshalb vertraut man uns und das führt zu nachhaltigem Erfolg!

Der Mensch ist – wie in fast allen Unternehmen – der entscheidende Faktor für das Gelingen. Wie gewinnen und halten Sie die Menschen, die Sie für Ihren Unternehmenserfolg brauchen?

Unser Unternehmen basiert auf Werten wie Engagement, Spaß und Leidenschaft, Vertrauen, Ehrlichkeit und Fairness. Unsere tägliche Arbeit wird davon bestimmt und in schwierigen Situationen besinnen wir uns auch bewusst auf diese Werte. Das führt zu einem exzellenten (inzwischen auch mehrfach ausgezeichneten) Betriebsklima. Wir können das messen an einer für unsere Branche extrem unterdurchschnittlichen Fluktuation und Krankheitsquote.

COMMUNICALL – GESTÜRZT UND WIEDER AUFGESTANDEN

Als frisch gebackener Diplom-Kaufmann landete Peter Eichmüller 1996 im Marketing des Fertiggaragen-Herstellers Zapf. Das Marketing dieser Zeit war ihm zu hausbacken. Anzeigen mit Coupons schalten, Unterlagen an Interessenten verschicken, den Vorgang an den Außendienst weitergeben. Es war die Zeit, als Callcenter in Deutschland salonfähig wurden, zwar noch argwöhnisch beäugt, aber mit Wachstumsraten. Auch sein erster Arbeitgeber machte sich die Dienste eines Callcenters zunutze. Er ließ die Anfragen für den Vertriebsaußendienst in „aussichtsreich" und „weniger aussichtsreich" filtern.

DER ERSTE START UND DIE BRUCHLANDUNG

Peter Eichmüller tauchte in das „Geheimnis" von Callcentern ein. Und je tiefer er vordrang, umso stärker wurde sein Wunsch, selbst etwas zu machen, zunächst als Berater, Trainer und Coach, später als selbstständiger Unternehmer mit seiner Geschäftspartnerin Sabine Kuropka. Man entwickelte einen Businessplan, sprach mit der Hausbank und los ging es mit dem Abenteuer communicall. Bereits nach sechs Monaten nahm der erste Anlauf von communicall ein jähes Ende in der Insolvenz. Der größte Kunde und damit die Haupteinnahmequelle war weg. Ein vom Arbeitsministerium initiiertes und der Arbeitsagentur aufgelegtes Projekt zur „Vermarktung" von Bildungsgutscheinen wurde gecancelt. 20 Mitarbeiter von communicall waren allein für dieses Projekt ausgebildet und eingeplant. Die Ursachen, die zu dieser Bruchlandung führten, lagen auf der Hand: Konzentration auf einen (zu) großen Kunden, keine Alleinstellungsmerkmale (das Geschäft hätten viele andere auch in dieser Weise machen können), der Preis war das einzig ausschlaggebende Argument für den Auftrag. Der Insolvenzverwalter sah das Potenzial und machte den beiden Jungunternehmern Mut, neu zu starten.

DER ZWEITE START UND EIN GLÜCKSFALL

communicall legte einen Neustart hin. Ein Glücksfall kam dem Unternehmen entgegen. In nur 200 Metern Luftlinie Entfernung vom communicall-Büro steht die Deutschland-Zentrale des Schweizer Konzerns Stäubli, der mit weltweit 4.500 Mitarbeitern Textilmaschinen, Kupplungssysteme und Industrieroboter fertigt. Nach einem impulsgebenden Seminar suchte sich der Global Player einen Dienstleister für Vertriebsunterstützung und fand in communicall den richtigen Partner, mit dem man bis heute sehr erfolgreich zusammenarbeitet. Stäubli ist ein schönes Beispiel, um zu zeigen, was communicall besonders macht. Ziel bei Stäubli und allen anderen Kunden war und ist es, die Vertriebsingenieure des Unternehmens im Außendienst optimal einzusetzen. Im Dreiklang Kundenpotenzial – Vertriebsaufgaben – Routenoptimierung werden die Einsätze der Außendienstmitarbeiter von communicall koordiniert und optimiert. Der Außendienstmitarbeiter muss sich nicht um Terminabsprachen, die optimalen Routen und andere administrative Aufgaben kümmern, sondern kann sich auf die Kundengespräche konzentrieren. Das Administrative und der Plan kommen von communicall. Das setzt ein detailliertes Wissen um die Produkte und Arbeit im Außendienst voraus. Neben Produktschulungen begleiten communicall-Mitarbeiter daher auch die Vertriebsmitarbeiter regelmäßig auf ihren Reisen, um ein Gefühl für den Außendienstmitarbeiter und seine Herausforderungen zu bekommen. Augenzwinkernd sagt an dieser Stelle Peter Eichmüller: „Wenn wir wissen, dass ein Außendienstmitarbeiter bei Uschi in Coburg gerne eine Coburger Bratwurst isst, dann berücksichtigen wir das natürlich bei seiner Tourenplanung."

EIN PROFESSIONELLES SYSTEM DER KUNDENBETREUUNG

Durch Anbindung an das CRM-Tool des Auftraggebers bearbeitet communicall dessen Kunden mit einer besonderen Vorgehensweise. Mithilfe der Klassifizierung, der Potenzialeinschätzung und der gewünschten Besuchsfrequenz errechnet sich ein Scorewert, dessen Höhe zeigt, wie oft und in welchen zeitlichen Abständen ein Kunde besucht wird. communicall koordiniert die Besuche der A- und B-Kunden, die vom Vertriebsaußendienst regelmäßig persönlich betreut werden. Die C-Kunden werden ausschließlich von communicall betreut, immer mit dem Ziel, sie zu B- und A-Kunden zu machen.

Auch Messe-Leads werden von communicall bearbeitet. Die Messekontakte werden mit dem CRM abgeglichen und entsprechend der vorstehend beschriebenen Weise bearbeitet. Ziel aller Maßnahmen ist es immer, administrative Tätigkeiten vom Außendienst wegzunehmen, um Zeit für Beratung und Verkauf zu schaffen. So wird in vielen Fällen die reine Besuchszeit beim Kunden, die durch Reise-, Büro- und Wartezeiten im Durchschnitt oft bei nur 15 % der Arbeitszeit liegt, auf 30 % und mehr erhöht.

EIN NEUER BERUF WIRD ERFUNDEN

Dies alles setzt motivierte und gut ausgebildete Mitarbeiter voraus. Aus diesem Grund war communicall Mit-Initiator für einen neuen Ausbildungsberuf, dem des Kaufmanns bzw. der Kauffrau für Dialogmarketing. Ein heutiger Projektleiter war 2006 der erste Azubi bei communicall, der diese Ausbildung durchlief. Neben Schule und Ausbildung während der Woche gab es für die Azubis in diesem neuen Ausbildungsberuf einmal monatlich eine außerschulische/-betriebliche Fortbildung in Sachen Persönlichkeitsentwicklung.

Die Entwicklung der Mitarbeiter wird bei communicall seit jeher großgeschrieben. „Ich nehme mich im Unternehmen nicht so wichtig. Mir ist wichtig, dass die Mitarbeiter sich entwickeln. Wenn es unseren Kunden, unseren Mitarbeitern und meiner Familie gut geht, dann geht's auch mir gut. Erfolg ist für mich innere Zufriedenheit." Mit diesen Sätzen beschreibt Sabine Kuropka ihre Lebensphilosophie.

NUR WER MENSCHEN MAG, SOLLTE EIN UNTERNEHMEN FÜHREN

Man tut viel für die Mitarbeiter und dafür, dass sie sich wohlfühlen. Das beginnt mit kostenlosen Getränken während der Arbeitszeit, der Bezahlung von Impfungen und Besuchen in Fitnessstudios und setzt sich in Überraschungen zu Weihnachten, dem Valentinstag, Ostern, Geburtstagen usw. fort. Die Führungskräfte sind am Gewinn des Unternehmens beteiligt. „Es ist für mich auch ein Zeichen des Erfolgs, wenn ich die Prämien an meine Mitarbeiter auszahlen kann". Die Stimme der erfolgreichen Unternehmerin stockt bei diesem Satz ein wenig. Man fühlt, dass sie die Fürsorge um ihre Mitarbeiterinnen und Mitarbeiter sichtlich bewegt.

Äußerliches Zeichen dieser Art der Unternehmensführung war der Gewinn des CCV Quality Awards im Jahre 2012 in der Kategorie Mitarbeiterorientierung.

2016 wurde communicall zum attraktivsten Arbeitgeber in der Branche gewählt. Aus der Laudatio zur Preisverleihung: „Bei communicall sorgt unter anderem auch das persönliche Engagement der Gesellschafter für eine gute Arbeitsatmosphäre. Das Unternehmen engagiert sich stark und über das normale Maß hinaus. Es nimmt seine soziale Verantwortung in zahlreichen Bereichen nachhaltig, glaubhaft und integrativ wahr."

COMMUNICALL RÜSTET SICH FÜR DIE ZUKUNFT

„Wohin wird der Trend in der Branche gehen und wie rüstet sich communicall dafür?", will ich vom Strategen Peter Eichmüller wissen. Der Trend geht eindeutig zu größeren Einheiten. Große verleiben sich Kleine ein. Etwa 500.000 Menschen arbeiten derzeit in Callcentern. Die meisten sind bei externen Unternehmen beschäftigt, ein großer Teil aber auch in unternehmensinternen Callcentern. Nahezu jedes größere Unternehmen hat heute ein eigenes Callcenter. „Aber", so Peter Eichmüller, „die großen Callcenter mit hunderten oder gar tausenden von Mitarbeitern haben häufig keine Atmosphäre. Daher ist es eine große Chance für die kleinen und mittleren Betriebe, wenn sie sich aktiv um ihre Mitarbeiter kümmern." – „Und eine weitere Chance haben die Unternehmen in der Größenordnung von communicall: Sie können sich in Nischen bewegen. Kommt dann noch ein verschworenes und exzellentes Team hinzu, dann muss einem nicht bange werden, dass die Großen die Kleinen fressen. Ein Vorbote für eine drohende Übernahme ist immer, wenn der Preis die zentrale Rolle in der Diskussion mit Kunden spielt", ist sich der Callcenter-Experte sicher.

„Will communicall in Zukunft wachsen und wenn ja, woher bekommt man entsprechende Mitarbeiter?", will ich abschließend wissen. Für Peter Eichmüller und Sabine Kuropka ist die Wachstumsgrenze spätestens dann erreicht, wenn sie nicht mehr alle Mitarbeiter beim Namen kennen und nicht mehr wissen, was die einzelnen Mitarbeiterinnen und Mitarbeiter bewegt und welche Sorgen sie haben. Eine wunderbare Beschreibung für das, was man in Zukunft vorhat. Als Experte für Vertriebsunterstützung und hochwertiges Dialogmarketing setzt man in erster Linie auf qualitatives Wachstum. Den Mitarbeiter-Nachwuchs will man sich mit drei bis vier neuen Auszubildenden pro Jahr sichern, was zunehmend schwieriger wird. Man geht frühzeitig in Schulen, aktiviert und nutzt die sozialen Medien, wirbt im eigenen Mitarbeiterkreis. Und auch Studienabbrecher stellen eine interessante Zielgruppe für den Dienstleister dar. Eines will man nicht: Antrittsprämien zahlen, wie sie in manchen Branchen schon üblich sind. Dieses Geld will man lieber in das eigene Betriebsklima investieren. Das ist sicherlich der bessere und exzellentere Weg.

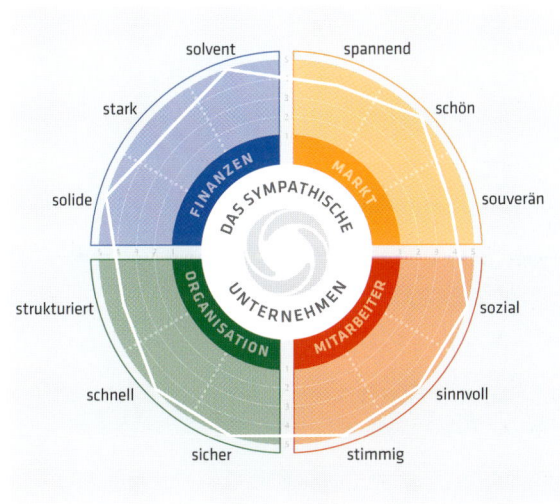

MEIN FAZIT

Ein erfolgreich gegründetes Unternehmen auf Wachstumskurs. Eine Unternehmerin und ein Unternehmer, die in jungen Jahren auch einmal gescheitert sind. Das macht die Geschichte besonders sympathisch und es entsteht Respekt vor dieser Leistung. Sabine Kuropka und Peter Eichmüller zeigen auf exzellente Art, wie vergleichbare Leistungen vor allem durch den Faktor Mensch zu besonderen Leistungen werden. In der Kommunikationsbranche geht es fast ausschließlich um den Faktor Mensch und da ich das Unternehmen sowohl als Kunde als auch als Lieferant erleben darf, spüre ich genau diesen Faktor, der mich auf das Thema Sympathie gebracht hat. Es macht Spaß, mit communicall zusammenzuarbeiten und es kommt hinzu, dass diese Zusammenarbeit auch erfolgreich ist. Das zeichnet sympathisch wachsende und sich weiterentwickelnde Unternehmen aus. Sie setzen die richtigen Prioritäten, sind nahe bei ihren Kunden und im Fall communicall auch sehr nahe bei ihren Mitarbeitern. Dies alles sind die Garanten für Sympathie und Exzellenz.

Mitarbeiter
40, davon eine
Auszubildende

Umsatz
6,3 Mio. Euro

Kunden
30.000

Unternehmen
Feldmann GmbH & Co.KG
Feldmann Garagentore GmbH

Adresse
Deutschland:
Papenkamp 3,
21357 Lüneburg/Bardowick
Schweiz:
Hauptstrasse 9,
CH-5502 Hunzenschwill

Internet
feldmann-garagentore.de
feldmann-garagentore.ch

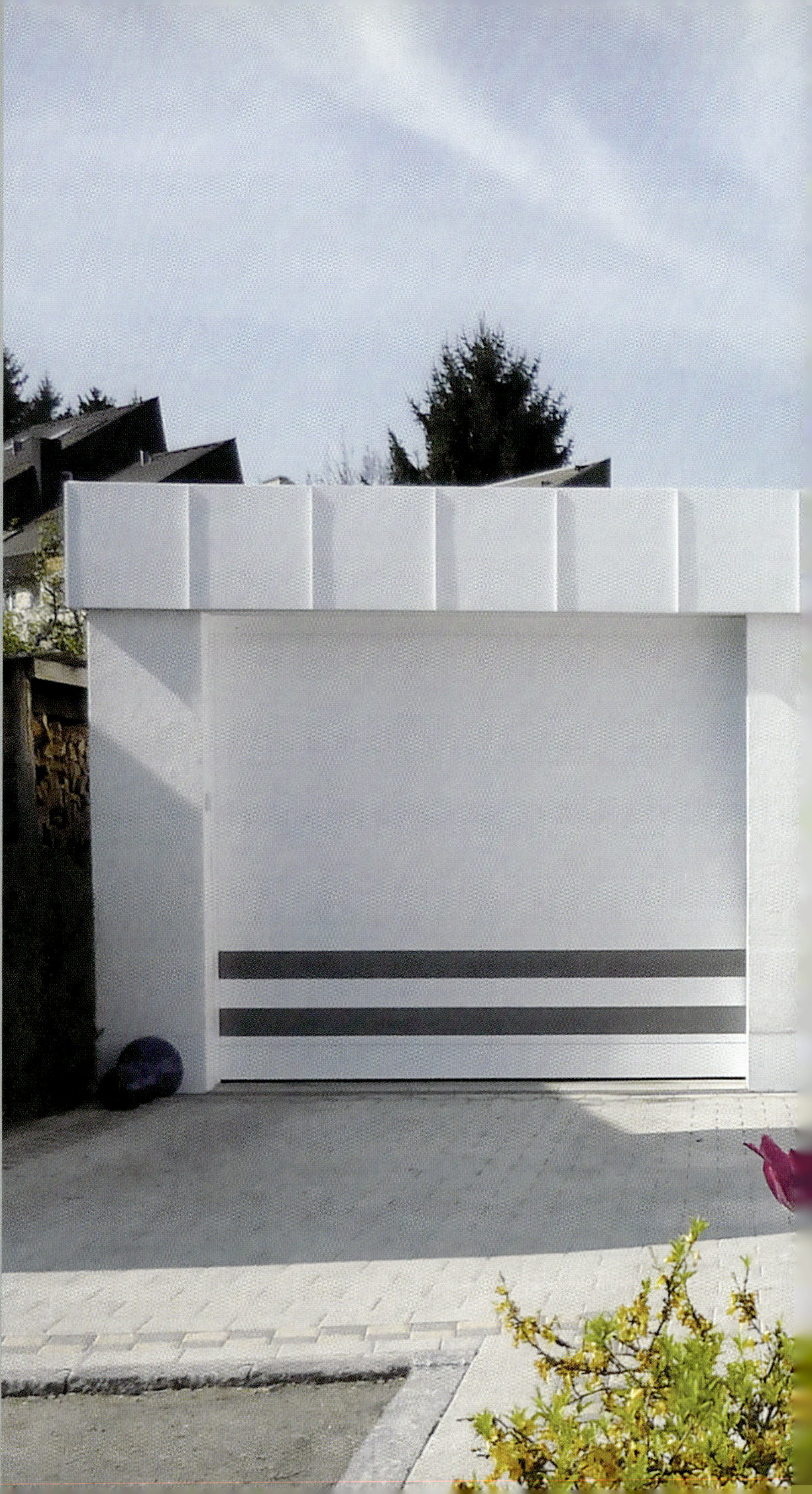

Mit Anders-artigkeit zur Exzellenz

NICO FELDMANN

FELDMANN GMBH & CO. KG

Die Feldmann Garagentor Manufaktur

FELDMANN
GARAGENTORE

Andersartigkeit ist der Weg zum Erfolg der Feldmann Garagentore GmbH & Co. KG. Wer Aluminium- und Design-Garagentore nach Maß und von höchster Qualität sucht, ist bei der Familie Feldmann, zu der sich sowohl die Unternehmerfamilie als auch alle Mitarbeiter zählen, an der richtigen Adresse. Seit über 40 Jahren entwickelt und produziert das Familienunternehmen Garagentore, inzwischen bereits in der zweiten Generation. Jedes Tor ist ein Unikat, individuell in Design und Farbe für den Kunden produziert. Die Garagentore bestehen aus hochwertigem, stranggepresstem Aluminium, die sichtbaren Profile sind pulverbeschichtet und in allen gängigen RAL-Farben erhältlich. Nico Feldmann legt höchsten Wert darauf, dass die Garagentore selbst entwickelt, patentiert, hergestellt und direkt an den Kunden vertrieben werden. „Made in Germany" sieht Nico Feldmann als einen wichtigen Erfolgsfaktor des Unternehmens an. Deshalb erfolgt die Produktion in der Heimat Lüneburg und 96 % der Zulieferteile werden in Deutschland eingekauft. Als Familienunternehmen engagiert sich Feldmann Garagentore für eine wertschätzende und menschenorientierte Unternehmenskultur. Dabei liegt es allen Beteiligten am Herzen, die definierten Werte im Geschäftsalltag für Kunden und Mitarbeiter erlebbar zu machen. Ein Grund mehr, warum die Kunden neben der hohen Qualität der Aluminium-Garagentore die Zuverlässigkeit und den schnellen, freundlichen und werteorientierten Service der Familie Feldmann schätzen.

HISTORIE

1972 Gründung des Unternehmens durch Fritz Feldmann

2001 Eintritt von Nico Feldmann als Vertriebs- und Marketingmitarbeiter in das Familienunternehmen, damals mit 10 Angestellten

2002 Ausweitung nach Süddeutschland. Nico Feldmann übernimmt die Marketingleitung

2004 Export Luxemburg

2005 Nico Feldmann, Einstieg in die Geschäftsführung

2006 Export Frankreich – einjähriger Aufbau einer Vertriebsstruktur in Frankreich. Sicherheitszertifikat RC2 für das Feldmann Garagentor

2007 Export Belgien

2008 Bau einer neuen Fabrikation und eines Geschäftsgebäudes auf 14.000 qm Fläche

2009 Export Schweiz und Einstellung des 30. Mitarbeiters

2012 Gründung der Feldmann Garagentore Schweiz GmbH

2013 Weltneuheit: Entwicklung eines seitlich fahrenden Garagentores als „High End" Produkt, Einstellung des 40. Mitarbeiters und Entwicklung der Weltmeisterstrategie 2018

2014 Einstellung eines Qualitätsmanagers und eines Vertriebsleiters, Einführung der Konzepte von UnternehmerEnergie

2015 Gründung „Institut für Topvertrieb" (IFTV)

2016 Erteilung Europa-Patent

NICO FELDMANN: EIN INNOVATIVER UNTERNEHMER DER ZUKUNFT

Wäre es nach dem Großvater von Nico Feldmann gegangen, so wäre alles ganz anders gekommen. Als Metzgermeister hatte er schon Nicos Vater dazu animiert, eine Ausbildung in diesem Bereich zu machen. Doch Fritz Feldmann spezialisierte sich schnell auf Garagentore und gründete 1972 das Unternehmen Feldmann Garagentore. Schon damals unterstützte ihn seine Frau, die von Beginn an die Buchhaltung des Familienbetriebes verantwortete und auch heute noch als „Herzlichkeitsbeauftragte" im Unternehmen tätig ist. Fritz Feldmann folgt weiterhin seiner Leidenschaft und ist im Vertrieb tätig. Nico Feldmann ist stolz auf die anhaltende Unternehmeraktivität seiner Eltern.

Seit der Übernahme durch Nico Feldmann hat sich das Unternehmen auf die Zukunft ausgerichtet und ist hierbei richtungsweisend im deutschen Mittelstand. Der Wandel zu einer werte- und mitarbeiterorientierten Führung und der Mut zur Andersartigkeit in der Führung, im Marketing und in den Absatzkanälen führte zu einer einzigartigen, positiven Energie.

Mit der Teilnahme der Führung und aller Mitarbeiter an den Seminaren von UnternehmerEnergie wurde diese noch verstärkt. Spontan wurde mit Cay von Fournier ein Workshop durchgeführt, der die schnelle Umsetzung von UnternehmerEnergie unterstützte. Diese innovative Neuausrichtung des mittelständischen Unternehmens und die Hochwertigkeit der Garagentore sind der Kern der Andersartigkeit, die den Erfolgsweg auszeichnet.

Im gesamten Markt sind keine vergleichbaren Produkte zu finden, weder in Bezug auf das Produkt noch in Bezug auf den Vertrieb. Und Nico Feldmann hat den Weg seines Unternehmens für die nächsten 20 Jahre schon vor Augen. 1980 geboren, vereint er die Kraft der Generation Y mit ihrem innovativen

Leben im ständigen – auch digitalen – Wandel und die Beständigkeit und Weitsicht der Generation X in einer Person. Eine starke Mischung. Und das zeigt sich auch in seinem jüngsten Projekt. Aus den zukunftsweisenden Ideen des Stammunternehmens Feldmann entsprungen und inspiriert von Cay von Fournier und UnternehmerEnergie gründete Nico Feldmann als innovativer, zukunftsorientierter Unternehmer das „Institut für Topvertrieb" (IFTV). IFTV entwickelt und verkauft eine Software, das Customer Guiding System (CGS) VINZENTIA®, die dabei unterstützt, die richtigen Kunden mit den richtigen Produkten zum richtigen Preis zu akquirieren. VINZENTIA® wurde gemeinsam mit Experten aus den Bereichen Vertrieb und Verkauf, Psychologie, NLP und Marketing entwickelt. Egal ob IFTV oder Feldmann Garagentore – von Nico Feldmann sind auch in Zukunft Weiterentwicklungen in allen Bereichen zu erwarten.

FRAGEN AN NICO FELDMANN

Herr Feldmann, Sie legen großen Wert darauf, andere Wege einzuschlagen und anders zu sein als die Wettbewerber. Welchen Stellenwert nimmt für Sie die Andersartigkeit im Streben nach Exzellenz ein?

Exzellente Unternehmen zeichnen sich durch andersartige Wege aus. Die Feldmann-Familie folgt eigenen Inspirationen und Ideen. Eingetretene Pfade zu verlassen und Neues zu wagen zeichnet unsere tägliche Arbeit aus. Regeln zu brechen oder zu hinterfragen und eine gesunde Risikobereitschaft bringen uns schneller ans Ziel, als bekannten Wegen zu folgen. Wir streben daher in allen Unternehmensbereichen nicht nur die Erfüllung der Qualitätsstandards an, sondern wollen diese übertreffen. Durch Leistungen, die „anders" sind, die über das „Normale" hinausgehen, heben wir uns von der Masse ab und bleiben in den Köpfen unserer Kunden. Sie sind begeistert von Feldmann. Andersartigkeit ist damit der elementare Grundstein für Exzellenz.

Jedes Tor ist eine Maßanfertigung

Mit Sympathie gewinnt man Herzen, sie ist die Basis für die positive Lebenseinstellung, die Exzellenz erst möglich macht. Neben der Qualität von unseren Produkten und unserer Arbeit zeichnet uns der exzellente Kundenservice im persönlichen Kontakt mit dem Kunden aus, der die Basis für Sympathie und damit für den Auf- und Ausbau der Marke Feldmann Garagentore ist. Mit Ausdauer und Leidenschaft arbeiten alle in der Feldmann-Familie auf einem exzellenten Niveau und diese Leistungsversprechen schaffen Vertrauen und Sympathie, das spürt der Kunde. Die positive emotionale Beziehung der Kunden zur Marke Feldmann und damit die Sympathie ist entscheidend, um zu einem exzellenten Unternehmen zu werden. Sympathie und Exzellenz bedingen sich gegenseitig. Exzellente Unternehmen erreichen die Herzen ihrer Kunden. Und Feldmann ist Kult – Feldmann macht aus Kunden Fans!

Was macht Ihr Unternehmen so sympathisch – aus Sicht der Mitarbeiter, aus Sicht der Partner und aus Sicht der Kunden?

Sympathie entsteht durch gelebte Unternehmenswerte, eine gute Unternehmenskultur und ein familiäres Miteinander sowie eine gute Beziehungsebene zwischen den Mitarbeitern und den Kunden. Emotionale und sinnstiftende Faktoren stehen hierbei im Vordergrund. Als Familienunternehmen stehen wir mit unserem Namen für unser Produkt. Kernpunkte unseres Leitbildes sind: Ehrlichkeit und Fairness, langfristiges und positives Denken, Empfehlungen, der Wille zur Selbstverwirklichung, Kundenzufriedenheit und Kundenbegeisterung. Die vier Kernwerte sind: Familie, Kreativität, Begeisterung und Verantwortung. Mitarbeiter, Kunden und Geschäftspartner bilden die Feldmann-Familie, die dieses gemeinsame Wertebewusstsein und ein wertschätzender und offener Umgang verbindet.

Der Kunde erlebt bei uns Menschen, die Wert auf persönliche und ehrliche Kontakte legen und bekommt Lösungen nach Maß aus der Feldmann Garagentormanufaktur. Jedes Tor ist ein Unikat. Das schafft Kundenbegeisterung. Die damit einhergehende Kundenbindung ist die Basis für Sympathie vom ersten Kontakt bis zur Weiterempfehlung. Wir sind durch ungewöhnliche Marketingevents beim Kunden vor Ort und überzeugen durch Kompetenz und Glaubwürdigkeit. Alle Mitarbeiter gestalten das Unternehmen mit und werden aktiv eingebunden. Wir leben von der Kreativität und der Begeisterung jedes Einzelnen. Sympathie entsteht durch Identifikation und Begeisterung. Das ist unser Ziel bei jedem Mitarbeiter und Kunden.

Herr Feldmann, für Sie zählt also Leidenschaft zu einem zentralen Erfolgsfaktor Ihres Unternehmens? Welchen Einfluss hat die gelebte Leidenschaft auf die Sympathiewahrnehmung?

Nur wer mit Leidenschaft und Authentizität sein Unternehmen führt, weckt auch die Leidenschaft und das Feuer der Begeisterung in seinen Mitarbeitern. Damit geht man über Grenzen hinaus und macht das Unmögliche möglich. Ich bin ein Unternehmer voller Leidenschaft und Energie, ich folge meiner Berufung. Leidenschaft entsteht und wächst, wenn man das liebt, was man tut und es sinnstiftend und erfüllend ist. Diese Leidenschaft weckt Emotionen. Und das ist der Schlüssel zur Sympathie.

FELDMANN GARAGENTORE: BEGEISTERUNG DURCH EXZELLENZ

Mit den Aluminium-Garagentoren nach Maß von Feldmann werden auch anspruchsvollste Kunden zufriedengestellt – denn sie sind schön, sicher und durchdacht. Abgesehen vom Produkt begeistert das Feldmann-Team mit einem offenen Ohr für alle Kundenwünsche. Die Kunden sind ein Teil der Feldmann-Familie, die sich intern auch als die „Feldmänner" bezeichnet. So setzt das Feldmann-Team alles daran, die Kunden vom ersten Tag an individuell, kompetent und verantwortungsvoll zu betreuen. Hierzu hat Nico Feldmann das Qualitätsmanagement gemeinsam mit seinem Leiter des Qualitätsmanagements Alexander Metternich aufgebaut, das bei allen Arbeitsschritten und Serviceleistungen mit Prozessketten und Qualitätsstandards unterstützt.

Seit mehr als vier Jahrzehnten entwickelt und baut das Unternehmen Garagentore, auf die sich die Kunden verlassen können. Jedes einzelne Tor ist pflegeleicht, wartungsarm, stabil und zuverlässig. Davon ist das Unternehmen so überzeugt, dass es seinen Kunden eine Garantie von fünf Jahren einräumt. Außerdem kümmert sich die Familie Feldmann nahezu rund um die Uhr, 365 Tage im Jahr, um ihre Kunden. Das gehört für sie zu einem exzellenten Service dazu.

EMOTIONALE EXZELLENZ ALS BASIS DES ERFOLGS

Exzellenz bedeutet für Feldmann Garagentore, den Kunden, die Mitarbeiter und die Geschäftspartner emotional durch Sinn, Werte, eine überzeugende und sympathische Marke und ein hochwertiges Produkt an das Unternehmen zu binden.

Der Wert der Familie ist dabei entscheidend. Vertrauen und eine hohe Motivation sowie die Einbindung aller Menschen in die Entwicklung zu einem exzellenten Unternehmen sind die Erfolgsfaktoren. Täglich leben die Feldmänner Exzellenz in jedem Prozess und in einer wertebasierten Unternehmenskultur, die mit den persönlichen Werten konform ist. Durch Werteseminare und Workshops sensibilisiert das Unternehmen kontinuierlich alle Mitglieder der Familie Feldmann, sich als Teil der gesamten Entwicklungen zu sehen, sich aktiv einzubringen und selbst zu verwirklichen. Auch die Mitarbeitermotivation, durch gemeinsame Events, durch gemeinsam erarbeitete Spielregeln, durch Projektarbeiten und individualisierte Arbeitsplatzlösungen, ist gut aufgestellt. Sich umeinander zu kümmern, gegenseitige Verantwortung zu übernehmen und auf Augenhöhe zu kommunizieren – dies alles macht die Feldmänner als Familie stark. Dank dieser Ausrichtung und dieser Kultur ist das Unternehmen ein "best place to work".

*Alleinstellungsmerkmal: Der sehr geringe Kurvenradius
des Laufprofils ermöglicht eine extrem niedrige Einbauhöhe*

Die Feldmann-Familie: von links nach rechts:
Martin Konzack, Brigitte Feldmann, Nico Feldmann, Alexander Metternich

Im Alltag arbeitet Feldmann Garagentore mit Persönlichkeitsanalysen, um Aufgaben und Teams bestmöglich aufzustellen und somit die besten Leistungen für die Kunden zu erreichen. Das Unternehmen verfügt über ein lebendiges, innovatives Ideenmanagement und erreicht damit kontinuierliche Verbesserungen bei Produktion, Dienstleistungen, Prozessen und in der Organisation. Als Folge dessen wird die Umsetzung beschleunigt und verborgene Potenziale werden aufgedeckt. Ein gelebtes Ideenmanagement ist somit für das Entstehen von Exzellenz bei Feldmann Garagentore genauso wichtig wie Begeisterung.

Die Familie Feldmann setzt neue Maßstäbe im Erlebnisverkauf, bei der Kundenbetreuung und der Montage. Ständig wechselnde Verkaufs- und Service-Events sorgen für eine aktive Weiterempfehlung durch Kunden. So wird dem Kunden zum Beispiel nach der Montage des Garagentors ein exklusives Grillfest spendiert, zu dem er alle Freunde und Bekannte einladen kann. Dies ist aktives Event- und Empfehlungsmarketing. Die Gäste lernen in vertrauensvoller Atmosphäre bei Freunden das Feldmann Garagentor kennen und haben beim anstehenden Garagentorkauf eine positive Verknüpfung, so erinnern sie sich auf jeden Fall zuerst an die Familie Feldmann. Emotionale Events sind die besten Werbeträger.

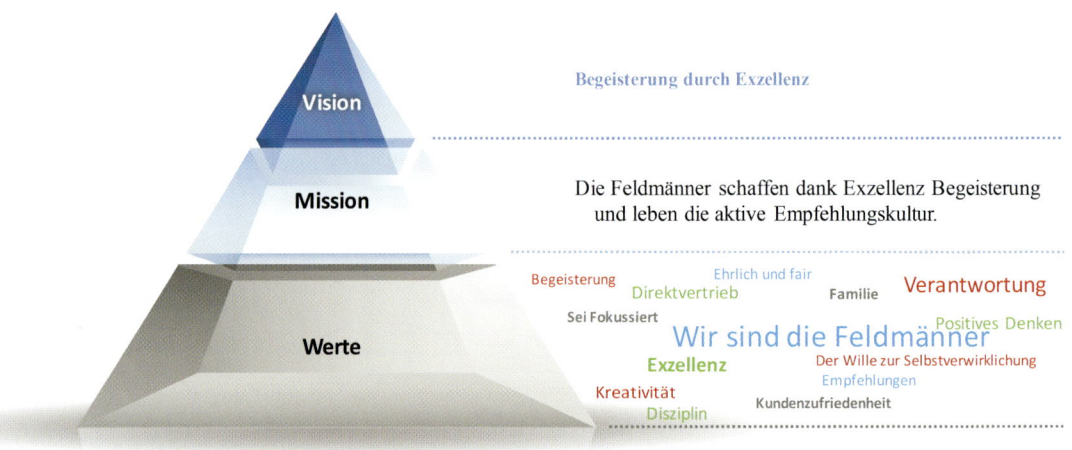

Die Grundlage der Weltmeisterstrategie 2018 von Feldmann Garagentore

MIT EINER VISION ERFOLGREICH IN DIE ZUKUNFT

Die Vision „Begeisterung durch Exzellenz" der Familie Feldmann ist Programm. Das Unternehmen weiß, dass Erfolg nicht mehr nur durch die Qualität der Produkte entsteht, sondern durch einzigartige Erlebnisse mit der Marke. Diese entstehen durch den exzellenten Kundenservice, der die Basis für den Auf- und Ausbau des Feldmann Markenimages ist.

Das Unternehmen strebt in allen Bereichen nicht nur die Erfüllung der Quali- tätsstandards an, sondern will diese übertreffen. Durch Leistungen, die „anders" sind, die über das „Normale" hinausgehen, hebt sich das Unternehmen von der Masse ab und bleibt in den Köpfen der Kunden. So verwundert es nicht, dass jeder Kunde von Feldmann Garagentore begeistert ist und zum Fan wird – und zwar jeder, der eines der 2.500 pro Jahr individuell produzierten und montierten Garagentore erwirbt. Sicherlich hat dazu auch das SchmidtColleg-Seminar „Vom Kunden zum Fan", an dem der gesamte Innendienst der Feldmann-Familie teilnahm, seinen Beitrag geleistet.

Das Unternehmen ist mittlerweile international tätig. In der Schweiz gibt es seit 2012 eine Niederlassung, die von David Conza geführt wird. Auch hier ist das familiäre Verhältnis Programm. Denn David Conza ist nicht nur ein Kollege, sondern auch ein sehr enger Freund von Nico Feldmann. Das Ziel der Internationalisierungsstrategie ist, auch China mit neu entwickelten Produkten zu erobern. Die von den Feldmännern formulierte „Weltmeisterstrategie 2018", deren Fokus die Kundenbegeisterung durch Exzellenz ist, wird sicherlich auch einen Beitrag dazu leisten, dieses Ziel zu erreichen.

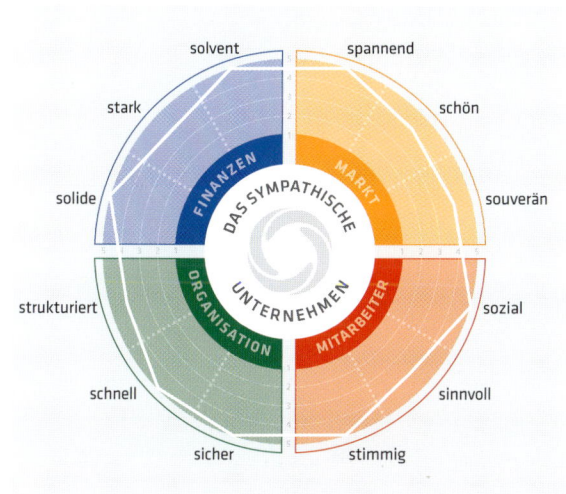

FAZIT

Feldmann Garagentore ist ein innovatives Unternehmen, das durch die Vitalität des Geschäftsführers inspiriert wird. Jeder im Team – oder besser: in der Familie – kennt seine Stärken und Schwächen und kann sich an den entsprechenden Stellen einbringen, um so im Team und für den Kunden die bestmöglichen Leistungen und Lösungen zu erzielen. Die Nähe zu den Kunden ist ein entscheidendes Sympathie-Kriterium. Hinzu kommt das Gütesiegel „Made in Germany". Mit kreativen Kundenbindungsevents und neuen Vertriebsstrategien sowie der permanenten Steigerung der Qualität begeistert Feldmann Garagentore die Kunden. Der Kunde kann das, was er gekauft hat, mit großem Vertrauen und in Beständigkeit nutzen – jeden Tag. Und genau darauf kommt es bei Garagentoren an. Nicht viele Firmen können das von sich behaupten oder bieten diese Form von Kundennutzen. Ich durfte das Unternehmen schon ein Stück auf seinem Weg begleiten und bin immer wieder überrascht über die fröhliche Umsetzungsstärke, mit der die Ideen der ganzen Mannschaft vermittelt und dann gemeinsam umgesetzt werden.

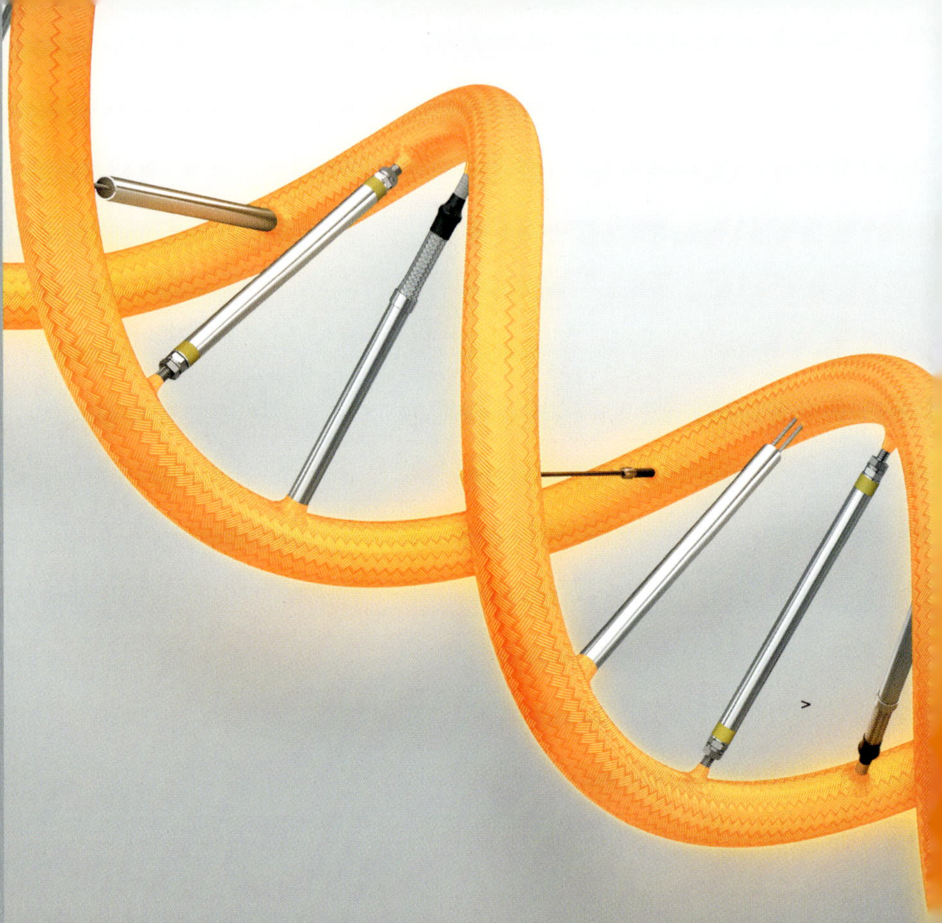

Mitarbeiter
ca. 120, davon
13 Auszubildende

Umsatz
> 10 Mio. Euro

Kunden
> 500

Adresse
Industriestraße 34,
51545 Waldbröl

Standorte
Hauptsitz in Waldbröl
Niederlassung in
Kunshan/China

Internet
www.gc-heat.de

Partnerschaft als Schlüssel zum Erfolg

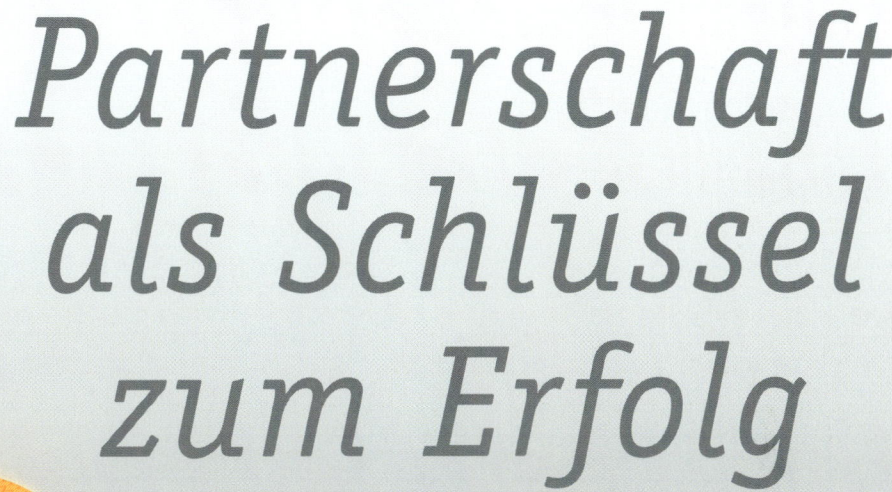

SVEN GEBHARD

GC-HEAT GEBHARD GMBH & CO. KG

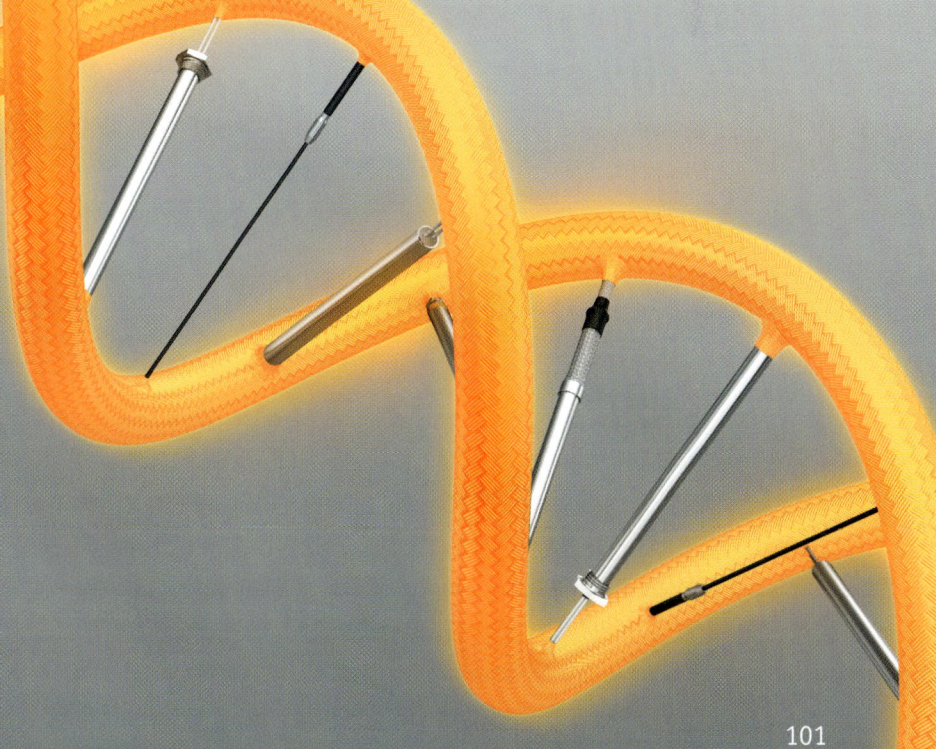

Transparenz und gelebte Attribute bei GC-heat

Mittelständisch, weltweit erfolgreich und das bereits in dritter Generation, das ist die GC-heat Gebhard GmbH & Co. KG. Als Hersteller von elektrischen Heizelementen gehört das Unternehmen zu den führenden Anbietern in Europa, wenn individuelle Beheizungslösungen für die Industrie gefragt sind. Von der Produktion und Verarbeitung von Kunststoffartikeln wie z.B. Handyschalen oder PET-Flaschen über die Herstellung von Schokolade bis hin zu Bremsbelägen oder Wärmeträgerölanlagen, überall kommen Produkte von GC-heat zum Einsatz.

Am Standort Waldbröl arbeitet das Unternehmen seit nunmehr 70 Jahren daran, innovative und qualitativ hochwertige Produkte für seine Kunden zu entwickeln und zu fertigen. Dabei spielen die Mitarbeiter die entscheidende Rolle. Sie geben jeden Tag ihr Bestes, um die optimalen Lösungen für die Kunden zu erarbeiten. Der wichtigste Eckpfeiler auf dem Weg dorthin war und ist die Partnerschaft – mit den Kunden, den Mitarbeitern und den Lieferanten.

HISTORIE

1947 Wolf Gebhard legt mit der Firmengründung der Gebhard Elektrowärme in Waldbröl den Grundstein für das heutige Unternehmen GC-heat. Kerngeschäft damals: die Herstellung von Heizpatronen für Werkzeugbeheizung und Radiatoren

1965 Gebhard Elektrowärme expandiert. Eine zusätzliche Produktionsstätte für die Serienfertigungen von Heizpatronen entsteht in Nümbrecht

1976 Martin Gebhard tritt als geschäftsführender Gesellschafter ins Unternehmen ein

1981 Produktionsbeginn von hochverdichteten Heizelementen. Dafür werden die Standorte der gesamten Produktion am heutigen Standort in Waldbröl zusammengelegt und die Produktionsfläche vergrößert

1997 Erweiterung der Produktionsfläche. Errichtung einer Fertigungsstraße für hochverdichtete Rohrheizkörper

2002 Ein externer Mitgesellschafter tritt als Co-Geschäftsführer ins Unternehmen ein. Die Marke GC-heat wird etabliert und die Internationalisierung forciert

2007 Neu-Gesellschafter Sven Gebhard, der Enkel des Firmengründers, übernimmt die alleinige Geschäftsführung

2008 Expansion: Der Standort Waldbröl wird um ein zweistöckiges Gebäude für Verwaltung und Produktion erweitert

2009 GC-heat schafft es unter die Top 5 der „Ausbilder des Jahres" der IHK Köln

2010 GC-heat wird als Ausbildungsbetrieb des Monats von der IHK Köln und als Top-Ausbilder durch die Agentur für Arbeit ausgezeichnet

2012 GC-heat nimmt eine Restrukturierung nach der Lean Management Philosophie vor und expandiert in den asiatischen Markt

2014 Sven Gebhard wird alleiniger Gesellschafter und Carsten Pies zum technischen Geschäftsführer ernannt

2015 GC-heat erweitert sein Portfolio und eine weitere Produktionshalle wird offiziell eröffnet

2016 GC-heat gründet ein Tochterunternehmen in China, um den asiatischem Markt besser bedienen zu können

SVEN GEBHARD: AUS DER INTERNATIONALEN KARRIERE IN DAS FAMILIENUNTERNEHMEN

Der Lebensweg von Sven Gebhard war vor dem Einstieg in das Familienunternehmen von internationalen Erfahrungen geprägt – angefangen von internationalen Austauschprogrammen über ein MBA-Studium in Kanada bis hin zu beruflichen Stationen in Australien und Großbritannien. Diese Auslandsaufenthalte lehrten ihn eine offene und tolerante Sicht auf die Welt. Von jeder Kultur, die er kennenlernt, versucht er, für sich hilfreiche Aspekte herauszufiltern und in seine „eigene, persönliche Kultur" zu integrieren. Das bedeutet für ihn beispielsweise, die australische Gelassenheit, die britische Diplomatie, die kanadische Wertschätzung und die deutsche Zuverlässigkeit zu vereinen.

Der Einstieg ins Familienunternehmen war für Sven Gebhard immer eine Option, aber nie ein Muss. Ihm war es wichtig, das Studium unabhängig davon zu planen und vor einem eventuellen Einstieg bereits in anderen Unternehmen auf eine erfolgreiche Karriere zurückblicken zu können. Sicherlich hat ihn bei seiner Lebensplanung auch das Seminar JugendEnergie des SchmidtCollegs, an dem Sven Gebhard als Jugendlicher teilgenommen hatte, inspiriert. Schon als Jugendlicher machte er sich viele Gedanken zur Gestaltung seines Lebens. Jugend-Energie half ihm dabei, die richtigen Fragen zu stellen und Antworten zu finden.

Nach sechs sehr erfolgreichen Jahren, inklusive Durchlauf des globalen Top-Nachwuchsprogramms bei dem internationalen Mobilfunkkonzern Vodafone, stieg Sven Gebhard 2007 in das von seinem Großvater 1947 gegründete Unternehmen ein. Der Jungunternehmer übernahm schnell die volle Verantwortung als alleiniger Geschäftsführer. Dabei wurde er in den ersten Jahren durch seinen Vater Martin Gebhard und einen Fremdgesellschafter beraten. Im Vergleich zu dem, was Sven Gebhard zuvor im Rahmen seiner internationalen Karriere erleben durfte, lag GC-heat in vielen Bereichen weit zurück.

Demzufolge hatte er gerade in den ersten Jahren viel mit dem Unternehmen aufzuholen, sodass diese Zeit ihn sehr geprägt hat. Auch nahm er als junger Mensch erhebliche finanzielle Verpflichtungen auf sich, um dem Fremdgesellschafter seine Unternehmensanteile abzukaufen und ein neues Firmengebäude zu errichten. Pünktlich zum Start der Weltwirtschaftskrise 2008/2009 war das neue Firmengebäude fertiggestellt. Hinzu kam, dass zu diesem Zeitpunkt im damaligen Managementteam nicht alles harmonisch verlief. Hier galt es für den Quereinsteiger, konsequent nach vorn zu schauen und nötige Maßnahmen durchzusetzen – getreu dem Motto von Winston Churchill: „When you're going through hell – keep going!" Heute weiß Sven Gebhard zu schätzen, dass ihm diese Zeit eine gewisse Gelassenheit für die kleineren Höhen und Tiefen beschert hat, die einem im Geschäftsleben immer wieder mal begegnen. Ebenfalls weiß Sven Gebhard um sein Glück, die richtigen Leute an seiner Seite zu haben. Allen voran seine Frau, die seit über zwei Jahrzehnten mit ihm durch dick und dünn geht und ihm zu Hause den Rücken freihält. Im Unternehmen ist es das Team, das er in den letzten Jahren aufgebaut hat, sowie der Beirat, der ihn von Anfang an begleitete.

Seit Anfang 2014 ist Sven Gebhard alleiniger Gesellschafter des Familienunternehmens in dritter Generation und teilt sich die Geschäftsführung mit Carsten Pies, der bei GC-heat die technischen Bereiche verantwortet und in den letzten Jahren das Thema Lean Management im Unternehmen vorangetrieben hat. Nach einer Situationsanalyse zu seinem Einstieg 2007 hat sich Sven Gebhard zum Ziel gesetzt, aus GC-heat ein Unternehmen zu formen, das für ausgezeichnete Mitarbeiter interessant ist. Ihm lag und liegt sehr viel daran, sein Unternehmen zu einem der attraktivsten Arbeitgeber der Region zu machen. Ein Unternehmen, das – trotz seiner ländlichen Lage – hervorragende Mitarbeiter anzieht und hält. Denn nur mit dieser Art von Mitarbeitern – da war und ist sich der sympathische Unternehmer sicher – kann dem Kunden optimaler Nutzen geboten werden. Vor diesem Hintergrund hat Sven Gebhard in den letzten zehn Jahren konsequent neben Austausch, Neu-Strukturierung und Modernisierung vor allem auch durch Ausbildung und Investitionen in seine Mitarbeiter das Unternehmen zukunftsfähig gemacht, ganz nach Jim Collins: „Erst WER, dann WAS!"

GC-heat ist heute mehr auf Erfolgskurs als je zuvor. Dazu darf auch das SchmidtColleg seinen Beitrag leisten. Nach dem Besuch eines Unternehmer-Tags mit zahlreichen inspirierenden Impulsvorträgen besuchten Carsten Pies und Sven Gebhard das Seminar UnternehmerEnergie, an dem zu Gründungs-zeiten des SchmidtCollegs schon sein Vater Martin Gebhard teilgenommen hatte. Im Anschluss folgte ein internes Seminar für die Führungskräfte mit Cay von Fournier. Sven Gebhard weiß, dass das Unternehmen heute mit dieser sehr starken, engagierten und vor allem auch sehr sympathischen Mannschaft alles erreichen kann und auch in Zukunft seine Kunden immer wieder von Neuem begeistern wird.

FRAGEN AN SVEN GEBHARD

Herr Gebhard, Sie legen großen Wert auf das Qualitätsmanagement. Welchen Stellenwert nimmt es im Streben nach Sympathie ein?

Wir möchten uns im „Nutzen bieten" von keinem Wettbewerber in unserem Markt übertreffen lassen. Da ist eine über jeden Zweifel erhabene Produktqualität natürlich Grundvoraussetzung. Aber das Quali-tätsmanagement beschränkt sich nicht nur auf die Produkte. Mindes-tens genauso wichtig ist die exzellente Qualität zum Beispiel im tägli-chen Umgang mit unseren Partnern – egal ob Kunden oder Lieferanten. Schnelle Reaktion, kompetente Ansprechpartner und ein freundlicher Umgang gehören dazu. Über die Hälfte unserer Besucher erwähnen zum Beispiel die nette Begrüßung durch unsere „Welcome Managerin" am Empfang oder die aufmerksamen Mitarbeiter, denen sie bei uns begegnen. Ähnliche Resultate bringen unsere Kundenbefragungen. Dem entnehme ich, dass dies nicht überall selbstverständlich ist. Sicherlich bringt das Sympathiepunkte, es gehört bei uns aber zum Grundverständnis.

Welche Voraussetzungen müssen in einem Unternehmen gegeben sein, damit es als sympathisch wahrgenommen wird?

Ganz wichtig ist hier – neben den gerade genannten Punkten – die Authentizität. Wir haben schon wiederholt sowohl von Kunden als auch von Bewerbern das Kompliment bekommen, dass bei uns alles genauso vorgefunden wird wie auf der Website dargestellt. Ein Unternehmen kann allerdings nur dann als authentisch und sympathisch wahrgenommen werden, wenn dort auch die entsprechenden Menschen arbeiten, diese sich wohlfühlen und mit unseren Partnern gut zusammenarbeiten. Unsere Partner wissen, dass wir uns – wenn nötig – ein Bein für sie ausreißen, um das scheinbar Unmögliche möglich zu machen.

Welche Bedeutung hat Ihr intern entwickeltes
„Partnerschaftskontinuum" für Ihr Streben nach Exzellenz?

Wir arbeiten bei GC-heat gerne mit Attributen. Schlagworte, die auf den Punkt bringen, was für uns wichtig ist und wofür wir stehen. Diese stehen bei uns gut sichtbar an einigen Wänden. Mit dem Partnerschaftskontinuum haben wir im Kreise der gesamten Führungsmannschaft erarbeitet, wie wir nachhaltig gewährleisten wollen, für unsere Partner (Kunden, Mitarbeiter, Lieferanten) auch ein exzellenter Partner zu sein. Es ist natürlich nicht damit getan, dass eine Endlosschleife auf ein Poster gedruckt wird. Hier sind wir alle kontinuierlich gefragt, unsere Attribute mit Leben zu füllen und den Weg der Exzellenz bewusst gemeinsam zu gehen. Das Partnerschaftskontinuum gibt unserem Streben nach Exzellenz eine leicht verständliche Klammer.

Exzellenz wird häufig als Weg beschrieben und weniger als Ziel.
Wie sehen Sie das?

Wir sehen Exzellenz ganz klar als Weg. Deshalb haben wir unser Leitbild ja auch Kontinuum genannt. Hiermit werden wir nie „fertig" sein. Wir entwickeln uns kontinuierlich weiter und können uns so auch den sich ändernden Anforderungen unserer Partner anpassen und die Messlatte im Markt immer ein bisschen weiter nach oben schieben.

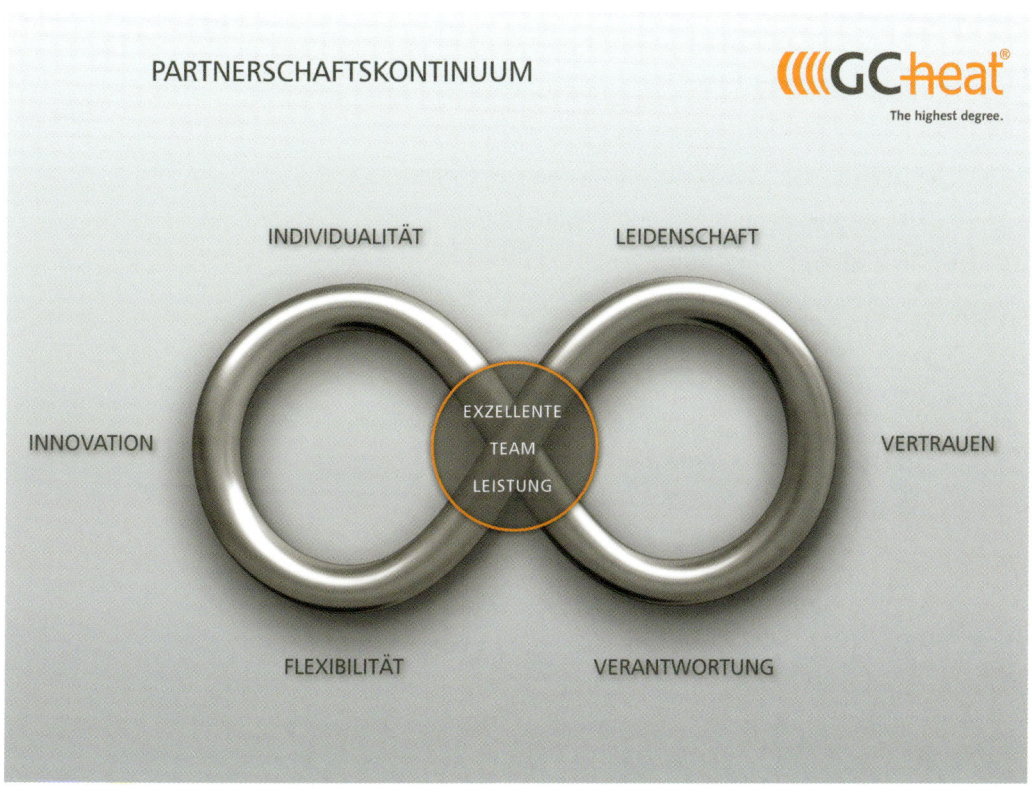

PARTNERSCHAFTSKONTINUUM

INDIVIDUALITÄT

LEIDENSCHAFT

INNOVATION

EXZELLENTE
TEAM
LEISTUNG

VERTRAUEN

FLEXIBILITÄT

VERANTWORTUNG

Von der Führungsmannschaft gemeinsam entwickeltes und definiertes Leitbild

Herr Gebhard, was bedeutet für Sie Exzellenz?

Exzellenz verbinde ich mit dem Übertreffen von Erwartungen. Das kann einfach der besonders schnelle und freundliche Check-in an der Hotel-rezeption oder eine zügige und kompetente Angebotserstellung sein, die hervorragende Beratung zu einem Produkt, die kulante, pragmati-sche Art und Weise, wie mit einer Herausforderung umgegangen wird und so weiter. Oft ist der Schritt zur Exzellenz ja gar nicht mehr so groß, wenn erst einmal eine solide Basis geschaffen wurde. Umso wichtiger ist es aber dann, diesen zusätzlichen Schritt noch zu gehen. Diesen extra Schritt gehen die Wenigsten, er bringt aber die nötige Differenzierung. „Go the extra mile. It's never crowded" steht deshalb auf einem Aushang in unserem Konferenzraum.

GC-HEAT: GEMEINSAM ZUM ZIEL

GC-heat hat seinen Claim „The highest degree" bewusst doppeldeutig gewählt. Zum einen spielt der Claim auf die Temperatur der von dem Unternehmen gebauten Heizelemente an. Zum anderen – und das ist die primäre Bedeutung des Claims – ist damit die jeweils höchste erreichbare Stufe gemeint, die das Team von GC-heat kontinuierlich anstrebt.

EXZELLENTE TEAMLEISTUNG WIE EIN „UHRWERK"

Als Hersteller von Qualitätsprodukten „Made in Germany" hat sich das Unternehmen der Exzellenz verschrieben und sich das Ziel gesetzt, mit dauerhaft herausragenden Leistungen die Erwartungen der Interessengruppen nicht nur zu erfüllen, sondern zu übertreffen. Durch den Prozess der kontinuierlichen Verbesserung bleibt das Unternehmen dabei niemals stehen. In diesem Prozess nehmen die Mitarbeiter, die als Teammitglieder wie ein Uhrwerk funktionieren, eine zentrale Rolle ein. Alle „Zahnräder" sind bei GC-heat gleich wichtig. Nur wenn alles ineinander greift, ist das Unternehmen erfolgreich. Die Vielfalt und das Know-how innerhalb der Belegschaft – vom Berufseinsteiger bis zur erfahrenen Fachkraft, egal ob Techniker oder Kaufmann – ist für GC-heat der Schlüssel zum Erfolg. Darum legt das Unternehmen Wert auf eine Kultur des gegenseitigen Respekts und der Wertschätzung und pflegt ein Umfeld, in dem Ideen wachsen können. Das damit geschaffene, motivierende Arbeitsklima wird um kleine Aufmerksamkeiten ergänzt, wie beispielsweise das kostenlose Angebot eines Winterreifen-Wechselservices oder das Verteilen von Scheibenfrostschutzmittel, Obst im Winter und Eis im Sommer sowie Gratis-Getränke über das gesamte Jahr hinweg. All das wird von den Mitarbeitern genauso geschätzt wie die vom Unternehmen angebotenen Gesundheitskurse und die gerade auch bei den Kindern der Mitarbeiter sehr beliebte Familien-Sommerfeier. Das alles macht GC-heat nicht nur aus Sicht der Mitarbeiter sehr attraktiv und sympathisch. So ist es nicht verwunderlich, dass die Mitarbeiter sehr engagiert an einer besonders hohen Performance arbeiten, um auch in Zukunft zu den führenden

Familienfest mit Halleneröffnung, von links nach rechts: MdB Klaus-Peter Flosbach, Sven Gebhard, Bürgermeister Peter Köster, Technischer GF Carsten Pies, IHK Oberberg GF Michael Sallmann

Unternehmen der Branche zu gehören. In diesem Kontext sieht GC-heat auch die Aus- und Weiterbildung als Garant dafür, um nachhaltig mit Qualität „made in Germany" international erfolgreich zu sein.

QUALITÄT AUF HÖCHSTEM NIVEAU

Standfestigkeit und homogene Temperaturen gehören zu den Hauptanforderungen in der industriellen Beheizung. Zuverlässige Wirksamkeit und die Beständigkeit der Heizelemente sind von zentraler Bedeutung. Auch deshalb fühlt sich GC-heat zu Qualität auf höchstem Niveau verpflichtet. Darüber hinaus wird Qualität als ein wesentlicher Bestandteil des auf lange Sicht ausgelegten Markterfolgs und des Ausbaus des Unternehmens verstanden. Qualitätsmanagement ist dabei eine essenzielle Aufgabe des Unternehmens insgesamt und jedes einzelnen GC-heat Mitarbeiters.

Wesentliche Grundlage des Qualitätsmanagement-Systems ist die Berücksichtigung der geltenden internationalen Qualitätsstandards. Neben den allgemein geltenden Qualitätsnormen erfüllt das Unternehmen überdies spezielle Kunden-anforderungen, die an Entwicklung, Produktion und Lieferung gestellt werden. So umfasst das GC-heat Qualitätsmanagement sämtliche Unternehmensbereiche und Prozesse. Zur Steuerung der Prozesse arbeitet GC-heat mit einem konti-nuierlichen Verbesserungsprozess. Ein Berichtswesen erfasst und kontrolliert hierbei die qualitätsrelevanten Vorgänge, identifiziert potenzielle Qualitäts-probleme und behebt diese zeitnah. Ein weiterer wichtiger Bestandteil des Qualitätsmanagement-Systems sind zudem Schulungen und Fortbildungen für die Mitarbeiter. Die internen Maßnahmen werden durch externe Überprüfungen begleitet. So führt zum Beispiel der TÜV regelmäßige Audits durch. Dabei werden die Prozesse auf Einhaltung der Normen und mögliche Verbesserungs-potenziale überprüft.

GC-heat produziert die Heizelemente kundenindividuell komplett in Deutsch-land. Der Erfolg hängt dabei davon ab, wie effizient es dem Unternehmen gelingt, die individuellen Kundenwünsche zu erfüllen, ohne dabei das Rad jedes Mal neu zu erfinden. Hierzu bedarf es eines ausgeklügelten Produkti-onssystems, das mit schlanken Prozessen umgesetzt wird. Die Kunden – in der Regel Hersteller von Maschinen oder Anlagen – vertrauen auf die Zuver-lässigkeit der Produkte, die im internationalen Vergleich herausragen. Dabei gilt es, schon heute zu verstehen, welche Lösungen morgen von den Kunden erwartet werden. Nur diese Agilität, die das Unternehmen dank flacher Hierar-chien und kurzer Entscheidungswege besitzt, macht es möglich, in einer zunehmend globalisierten Weltwirtschaft am Produktionsstandort Deutsch-land zu bestehen.

PARTNERSCHAFTLICHES VERHÄLTNIS ZU MITARBEITERN, KUNDEN UND LIEFERANTEN

Seit Gründung des Unternehmens vor 70 Jahren in Waldbröl ist GC-heat im Oberbergischen Kreis fest verankert. Als inhabergeführtes Familienunter-nehmen steht GC-heat zu seinen Grundwerten und pflegt ein partnerschaftliches Verhältnis zu Mitarbeitern, Kunden und Lieferanten. Sven Gebhard ist davon überzeugt, dass die menschlichen Beziehungen zu seinen Partnern der Schlüssel zum Erfolg sind. Mit allen Geschäftspartnern strebt das Unternehmen deshalb eine langfristige, vertraute und faire Beziehung an. So bestehen sehr viele Partnerschaften des Unternehmens bereits seit Jahrzehnten. Befragungen belegen, dass die Kunden es zu schätzen wissen, dass GC-heat schneller, kompetenter, flexibler sowie vielfach auch persönlicher berät als Marktbegleiter. Damit wird das Familienunternehmen aus Waldbröl von seinen Kunden als sehr zuverlässiger und sympathischer Partner wahrgenommen.

MEIN FAZIT

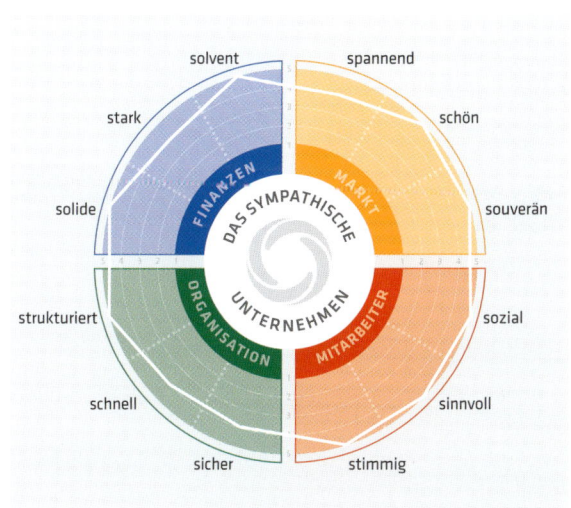

Bei GC-heat habe ich eine Klarheit empfunden, die das ganze Unternehmen durchzieht und es mir besonders sympathisch machte. Hier geht es um die wirklich wichtigen Dinge, das Überflüssige wird weggelassen. Es ist ein sehr gut organisiertes Unternehmen und für mich ein gutes Beispiel, wie sehr die Organisation zur Sympathie beiträgt. Es ist genau das „Einfach-machen" und das „Basisgeschäft-beherrschen", das ich mir für jedes Unternehmen wünsche. GC-heat geht die extra Meile und kann das auch, weil zuvor die „Standard-Meilen" gegangen wurden. Auch die Ganzheitlichkeit ist hervorzuheben. Sven Gebhard und Carsten Pies erreichen durch ihre Art der Führung die Menschen auf eine ganz besondere Art und Weise – sowohl die Mitarbeiter als auch die Kunden. So entsteht eine Gemeinschaft, die durch die Werte aus dem Leitbild des Unternehmens eng miteinander verbunden ist. Die Kombination aus guter Organisation und Führung bestätigt die Wirksamkeit des ganzheitlichen Führungssystems UnternehmerEnergie, das bei GC-heat exzellent gelebt wird.

Mitarbeiter
100, davon
10 Auszubildende

Außenumsatz
50 Mio. Euro

Kunden
1.000 Bauherren

Adresse
Neue Straße 12,
37351 Dingelstädt

Standorte
Dingelstädt
Kassel/Lohfelden
Frankfurt am Main
München/Hallbergmoos

Internet
www.krieger-schramm.de

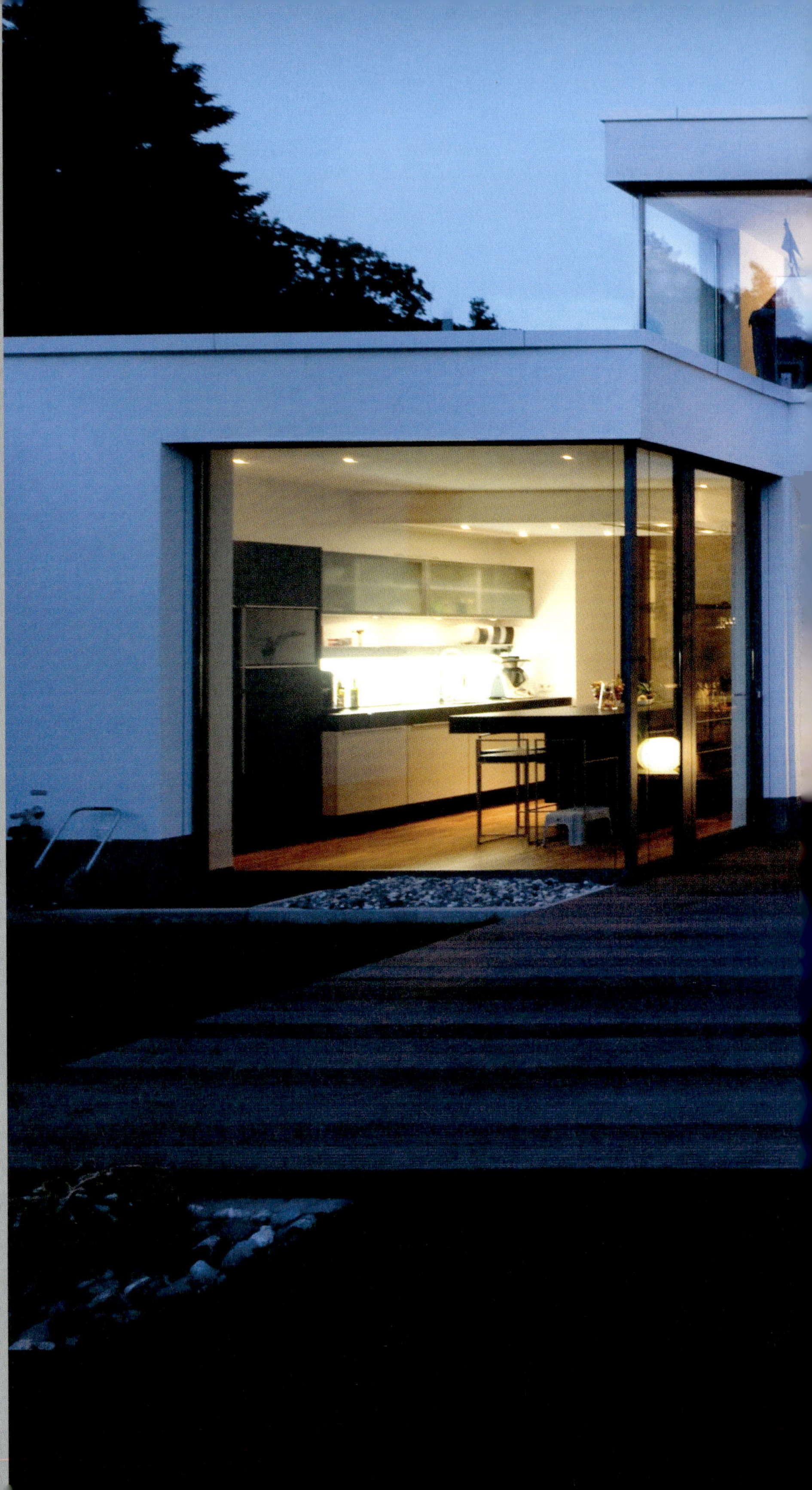

Mit Sicherheit – mehr Freude am Bauen

MATTHIAS KRIEGER

KRIEGER + SCHRAMM UNTERNEHMENSGRUPPE

Mit der Niederlassung in Frankfurt/Main ist Krieger + Schramm direkt vor Ort beim Kunden.

Der Bauträger und Projektentwickler Krieger + Schramm wurde im Jahr 1992 von den beiden Diplom-Ingenieuren Matthias Krieger und Michael Schramm in Dingelstädt gegründet. Seitdem hat sich Krieger + Schramm zu einem modernen und leistungsfähigen Baudienstleister entwickelt. Heute erwirtschaftet die Unternehmensgruppe mit 100 Mitarbeitern einen Umsatz von rund 50 Millionen Euro. Von der Projektentwicklung, also der ersten Projektidee, über den Bau bis hin zum Vertrieb deckt das Unternehmen das gesamte Angebotsspektrum ab: Krieger + Schramm baut Ein- und Mehrfamilienhäuser, Büro- und Gewerbeobjekte. Vor allem auf die Entwicklung von hochwertigen Wohnanlagen in Metropolregionen hat sich die Mannschaft um den Visionär und geschäftsführenden Gesellschafter Matthias Krieger spezialisiert. Dabei hat man ganz bewusst Alleinstellungsmerkmale entwickelt, beispielsweise das wohngesunde Bauen. Beim täglichen Handeln, bei jedem neuen Projekt steht stets der Kundennutzen und die Kundenzufriedenheit im Vordergrund. Krieger + Schramm möchte, dass die künftigen Bewohner ein besseres Leben führen und das Bauen als positives Ereignis erleben.

Krieger + Schramm ist nicht nur für eine hervorragende Bauqualität und zufriedene Bauherren bekannt, sondern wurde in den vergangenen Jahren auch mehrfach prämiert – beispielsweise als „Bauunternehmen des Jahres 2013" von der TU München.

HISTORIE

1992 Krieger + Schramm GmbH & Co. KG wird von Matthias Krieger gegründet und erhält seinen ersten Auftrag in Kassel

1998 Die erste Auszeichnung: Krieger + Schramm baut TÜV-zertifiziert. Seitdem wird das ganzheitliche Qualitätsmanagementsystem jährlich durch den TÜV Hessen geprüft und zertifiziert – seit 1998 ohne Ausnahme

1999 Krieger + Schramm erschließt neue Märkte in Südniedersachsen und Nord-hessen. Bis 2006 erwirtschaftet das Unternehmen dort den Hauptumsatz. In einer Arbeitsgruppe wird die leistungsorientierte Wertekultur beschrieben und in der Vision von Krieger + Schramm zusammengefasst

2006 Krieger + Schramm erobert das Rhein-Main-Gebiet und eröffnet die Nieder-lassung in Frankfurt/Riedberg. Dort entwickelt sich seither das größte Baugebiet des Unternehmens. Das gesamte Team entwickelt die Krieger + Schramm Werte und das dazugehörige Leitbild. Die Unternehmenskultur wird seitdem weiterentwickelt und vor allem gelebt

2009 Ein neuer Geschäftszweig wird mit dem „Wohngesunden Bauen" gegründet. Die Gesundheit der Menschen steht im Vordergrund – seit 2009 widmet sich Krieger + Schramm diesem Thema und gilt als Vorreiter und Innovator in diesem Bereich

2011 Die Anstrengung, das Beste für Mitarbeiter und Kunden zu leisten, wurde im Jahr 2011 gewürdigt: Krieger + Schramm ist „Bester Arbeitgeber Deutschlands". In den folgenden Jahren kamen weitere Auszeichnungen hinzu. Darunter u.a. „Familienfreundlichstes Unternehmen Deutschlands" (durch die Bundesregierung), „Deutschlands Bauunternehmen des Jahres 2013" (durch die TU München) oder 2015 „Deutschlands Ausbildungs-Ass" – wir sind uns sicher, es werden noch viele weitere folgen

2017 Mit über 1.200 zufriedenen Bauherren in 25 Jahren hat Krieger + Schramm etwas Großartiges geleistet. Und arbeitet auch in Zukunft daran, besonders zu sein. Ganz nach dem Motto: „Angenehm Anders Als Alle Anderen"

MATTHIAS KRIEGER: MIT OLYMPISCHER VISION ZUM BAULÖWEN DER NACHHALTIGKEIT

Der Lebenslauf von Matthias Krieger entspricht dem, was man „vom Tellerwäscher zum Millionär" nennt – nur mit größerem Understatement. Er stammt aus dem ehemaligen Ostdeutschland und träumte als leidenschaftlicher Sportler den großen olympischen Traum. Dann kam die Wende. 1992 gründete er aus dem Nichts und als „No-Name" zusammen mit Michael Schramm das Unternehmen Krieger + Schramm. Er hatte ein neues Feld gefunden, in dem er „Champion" werden konnte – und es ist ihm gelungen.

Nach dem Ausscheiden seines Partners Michael Schramm stand Matthias Krieger im Jahr 2007 vor einem Paradigmenwechsel. Er wusste nicht, wie es mit Krieger + Schramm weitergehen und wie er das Unternehmen weiterentwickeln sollte. Der Besuch des Seminars UnternehmerEnergie im März 2008 zeigte ihm wenige Monate später den richtigen Weg. Ich war recht beeindruckt, wie Matthias Krieger in nur wenigen Monaten unser Lehrwerk in ein eigenes, internes „K+S Lehrwerk" verwandelte. Alle Führungskräfte und Mitarbeiter, die die entsprechenden Seminare UnternehmerEnergie für Führungskräfte bzw. für Mitarbeiter besucht hatten, bekamen das Lehrwerk mit der Aufgabe, die darin vorgestellten Anregungen umzusetzen und um eigene Ideen zu ergänzen.

Innerhalb von knapp zwei Jahren gelang es Matthias Krieger, das gesamte System UnternehmerEnergie auf Krieger + Schramm zu übertragen, konsequent umzusetzen und zu leben. Ein Tempo, das sicherlich eine Goldmedaille verdient.

Matthias Krieger hat es mit unglaublichem Ehrgeiz und Engagement geschafft, Visionen Wirklichkeit werden zu lassen und Krisen sowie Risiken als Chancen zu nutzen. Seine Erfahrungen hat der preisgekrönte, sympathische Unternehmer im Sommer 2011 in seinem Buch „Die Lösung bist Du! Was uns wirklich voranbringt" weitergegeben. Dieses Buch ist mittlerweile ein Bestseller und handelt von einer fiktiven Hauptfigur, der es gelingt, ein Unternehmen aus einer fast aussichtslosen Lage zu manövrieren. Anstatt seine Erfahrungen als Bauunternehmer in einem Ratgeber zusammenzufassen, lässt Matthias Krieger sie indirekt in die Geschichte einfließen. Damit will er – so wie in seinen Vorträgen auch – Menschen begeistern und dazu motivieren, ins Handeln zu kommen. Darauf ausgelegt ist auch seine Stiftung, die er mit seiner Frau Dagmar gründete. Die Dagmar + Matthias Krieger Stiftung fördert junge Menschen, die unsere Zukunft prägen und künftig gestalten. Der Fokus liegt auf Projekten in den Bereichen Sport, Kultur und Bildung, die nachhaltig wirken. Alle Autoren- und Rednerhonorare von Matthias Krieger fließen direkt in die Stiftung und kommen somit unseren Kindern und Enkelkindern zugute.

FRAGEN AN MATTHIAS KRIEGER

Herr Krieger, Ihre Kunden verleihen Krieger + Schramm hohe Sympathiepunkte. Wo liegen Ihrer Meinung nach die Gründe dafür?

Die Gründe dafür liegen in der ganzheitlichen Betreuung von Verkauf über Bemusterung und Begleitung durch den gesamten Bauprozess bis hin zur Übergabe und Gewährleistungsphase und auch darüber hinaus. Wir streben eine vertrauensvolle, nachhaltige Zusammenarbeit auf Augenhöhe an. Die Kunden erleben das Bauen mit Krieger + Schramm als positives Erlebnis. Wir veranstalten Events zu Anlässen wie Spatenstich, Grundsteinlegung, Richtfest und feierliche Übergabe. All das macht uns bei unseren Kunden sympathisch.

Welchen Stellenwert nimmt Ihres Erachtens die Dagmar + Matthias Krieger Stiftung in der Wahrnehmung von Krieger + Schramm als sympathisches Unternehmen ein?

Nicht die Stiftung wird wahrgenommen, sondern die Aktivitäten und Projekte, die wir mit ihr anstoßen und umsetzen. Die Förderung von Sport, Kultur und Bildung ist direkt mit dem Unternehmen Krieger + Schramm verzahnt und dies wird auch so kommuniziert. Dabei ist der Stellenwert für die positive Wahrnehmung des Unternehmens schwer einzuschätzen. Darum geht es aber auch nicht – es geht um die Förderung der entsprechenden Projekte und Themen.

Herr Krieger, Sie legen großen Wert auf Qualität. Welchen Stellenwert nehmen die in Ihrem Unternehmen definierten Qualitätsbausteine „erkennen, beraten, planen, umsetzen und betreuen" im Streben nach Sympathie ein?

Als Bauträger in Kassel, Frankfurt und München haben wir einen gewaltigen Vorteil gegenüber anderen, „normalen" Bauträgern: Wir sind in Besitz der gesamten Wertschöpfungskette inklusive eigener Planer, Bauingenieure, Rohbau-Facharbeiter und Kundenbetreuer. Damit ist es uns schon am Anfang eines Projekts möglich, besonderes Augenmerk auf die Qualität und den optimierten Kundennutzen eines Projektes zu legen. Eine hohe Qualität schon zu Beginn ist enorm wichtig und zahlt sich „hinten raus" extrem aus. Dass wir seit 1998 qualitätszertifiziert sind und der TÜV Hessen uns einmal im Jahr prüft, ist für uns fast schon Normalität und eine Selbstverständlichkeit. Diesen Anspruch haben die Kunden an uns und wir ebenso.

Wie entsteht Ihrer Meinung nach ein sympathisches Unternehmen?

Sympathie tritt ein, wenn die Kunden zu 100 % zufrieden sind. Unser Anspruch geht aber noch weiter: Wir wollen die zufriedenen Kunden zu Fans machen, also 100 + 1 % liefern. Dies ist aus eigener Erfahrung sehr, sehr harte Arbeit. Die Sympathie eines Kunden bekommt man nicht aufgrund leerer Versprechungen geschenkt, sie muss mit einer exzellenten Leistung erarbeitet werden.

Exzellente Leistungen sind für Sie die Voraussetzung, dass ein Unternehmen sympathisch ist. Wie fördern Sie die Exzellenz in Ihrem Unternehmen?

Als Sportler habe ich gelernt, dass man immer dann, wenn man eine neue Technik lernt, zunächst einen Schritt zurückgeht, um dann zwei Schritte nach vorn zu gehen. Das ist bei Unternehmen genauso. Das heißt, es wird erst einmal schlechter, um dann wieder besser zu werden – und zwar besser als zuvor. Deshalb ist es in derartigen Prozessen immer wichtig, dass auch kleine Erfolgserlebnisse zelebriert werden. So haben wir es beispielsweise auch bei der Umsetzung von UnternehmerEnergie gemacht. Und Konsequenz zahlt sich aus: Die Erfolge, die wir dank UnternehmerEnergie verbuchen konnten, wurden bereits durch zahlreiche Preise gewürdigt – von „Bester Arbeitgeber Deutschlands" über „Bestes Bauunternehmen Deutschlands" bis hin zum „Thüringer Zukunftspreis".

Herr Krieger, was bedeutet exzellente Führung für Sie?

Die höchste Priorität für mich als Unternehmer ist es, unsere Führungskräfte zu führen und zu entwickeln. Meine Aufgabe ist es dabei, Menschen ins Handeln zu bringen. Dafür stehe ich auch mit meinem Motto: „Andere Menschen stark machen." Das ist übrigens auch mein Lieblingszitat in Bezug auf Unternehmertum: „Führung heißt, andere Menschen stark machen".

Mit Sicherheit – mehr Freude am Bauen:
Das tolle Krieger + Schramm-Team macht es möglich.

KRIEGER + SCHRAMM:
DER KUNDE ALS SIEGER

Haben Sie schon einmal gebaut? Und? War das ein Albtraum? Die meisten Bauherren verbinden mit dem „Häuslebau" eher ungute Erinnerungen. Krieger + Schramm hat genau das zum Anlass genommen, alles anders zu machen. „Mit Sicherheit – mehr Freude am Bauen", so der Claim von Krieger + Schramm. Die Firma möchte das Bauen in ein positives Erlebnis verwandeln. Mehr noch: Sie will den Bau als „Glückserlebnis inszenieren".

Die Bauherren sollen sich nicht nur auf das Ergebnis, den fertigen Bau, freuen, sondern auch den Weg dorthin genießen. Deshalb verleiht Krieger + Schramm seinen Bauherren für jeden Meilenstein eine Medaille, und zwar ganz persönliche Bronze-, Silber- und Gold-Medaillen. Angefangen von der Vertragsunterzeichnung über die Grundsteinlegung und das Richtfest bis hin zur Abnahme des Projekts – jedes Mal wird dem Bauherren eine neue Medaille verliehen. Nach Fertigstellung des Baus halten die stolzen Inhaber ihre eigene Medaillensammlung in den Händen. Übrigens: Die letzte Medaille bekommen sie erst dann, wenn sie das Unternehmen weiterempfohlen haben.

Krieger + Schramm bringt aber nicht nur „Mit Sicherheit – mehr Freude am Bauen", sondern genießt auch ein exzellentes Image im Hinblick auf zuverlässiges und qualitativ hochwertiges Bauen.

Darüber hinaus engagiert sich das Unternehmen in einer Vielzahl von Corporate-Social-Responsibility-Aktivitäten und vergibt jährlich diverse Awards wie den DMK Award für nachhaltiges Bauen. Nach dem Motto „Bauen ist Zukunft" will Krieger + Schramm die Zukunft ökologisch gestalten. Die Menschen stehen dabei mit ihren Bedürfnissen nach schönem Wohnen und gesundem Leben im Mittelpunkt der Betrachtung. „Wohngesundes Bauen" bildet konsequenterweise einen eigenständigen Geschäftsbereich bei Krieger + Schramm. Der Award, der im Jahr 2010 erstmalig vergeben wurde, prämiert Architekten, die

Das Leitbild von Krieger + Schramm

wirtschaftlichen Erfolg mit sozialer Verantwortung und Umweltbewusstsein verbinden und nachhaltiges Handeln zu weiterem Wachstum nutzen.

GEMEINSAM ZIELE ERREICHEN

Krieger + Schramm setzt auf Teamgeist! Als ehemaliger Kapitän einer Handballmannschaft hat Matthias Krieger gelernt: „Egal wie viele Tore ich mache, ohne das Team verliere ich." Am wichtigsten sind ihm in seinem Unternehmen die gemeinsamen Werte, die vom Team für das Team zusammen entwickelt wurden: Zuverlässigkeit, Sicherheit, ständige Verbesserung und viele weitere.

*Bei allen Projektentwicklungen definiert Krieger + Schramm
Alleinstellungsmerkmale – ausgerichtet an den Kundenbedürfnissen*

Matthias Krieger konzentriert sich konsequent auf die Menschen, und zwar auf seine eigenen Mitarbeiter genauso wie auf seine Kunden – und genau das zahlt sich langfristig aus.

„Wer Erfolg haben will, braucht Ziele", lautet Kriegers Leitsatz, der sich durch das gesamte Unternehmen zieht. In jedem Geschäftsbereich und auch für jeden einzelnen Mitarbeiter werden die Ziele schriftlich formuliert. Und so sichern die besondere Motivation, ein hoher Ausbildungsstandard, zielstrebige, strukturierte Arbeit, außergewöhnliche Leistungsbereitschaft und erfolgsorientiertes Handeln eines jeden Mitarbeiters die erfolgreiche Realisierung der Bauvorhaben von Krieger + Schramm.

QUALITÄT IN JEDER DIMENSION

„Qualität statt Dumpingpreise." So lautet die Erfolgsformel des Unternehmens. Zuverlässige und qualitativ hochwertige Leistungen gewährleistet die „K+S-Qualitätsgarantie". Krieger + Schramm spricht dabei von fünf Qualitätsbausteinen: erkennen, beraten, planen, umsetzen und betreuen. Mit dem eigens installierten QM-System will das Unternehmen seinen über Jahre hinweg aufgebauten Qualitätsvorsprung sichern.

Das Ergebnis kann sich mehr als sehen lassen und wird unter anderem durch die zahlreichen Auszeichnungen bestätigt: 2013 wurde Krieger + Schramm zum „Bauunternehmen des Jahres 2013" und 2011 als „Top Job Bester Arbeitgeber Deutschlands" ausgezeichnet. Bereits 2000 erhielt Krieger + Schramm den Thüringer Staatspreis für Qualität. Die baulichen Leistungen sind anerkannte Spitzenleistungen und TÜV-zertifiziert. Diese und weitere Auszeichnungen unterstreichen den baulichen und unternehmerischen Qualitätsanspruch von dem sympathischen Unternehmen Krieger + Schramm.

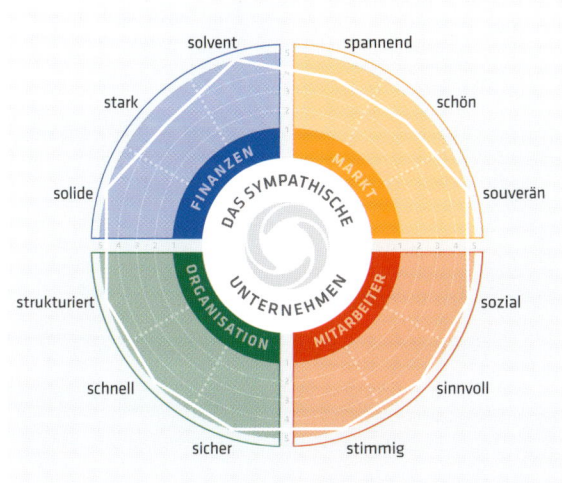

MEIN FAZIT

Wer Matthias Krieger trifft, weiß, was einen sympathischen Unternehmer ausmacht. Wer sein Unternehmen kennenlernt, weiß, was ein sympathisches Unternehmen ist. Es ist der ganzheitliche, positive Spirit, den man in diesem Unternehmen erlebt . Gerade in einer Branche, die durch viele negative Vorurteile geprägt ist, setzt Krieger + Schramm Zeichen in eine ganz andere Richtung. Der Mensch steht hier wirklich im Mittelpunkt und das Team lebt eine echte Kundenorientierung. Die Kreativität des Unternehmers führt zu immer neuen Ideen, wie ein Bauunternehmen andersartig wahrgenommen werden kann. Die vielen Auszeichnungen sind eine Bestätigung, auf dem richtigen Weg zu sein. Aber viel wichtiger sind die vielen positiven Kundenresonanzen, die bestätigen, dass die Werte „Sicherheit" und „Zuverlässigkeit" ganz wesentliche Bausteine des Erfolges von „Hidden Champions" sind und ein Unternehmen auch langfristig sympathisch machen können.

Vertriebspartner
4.000

Mitarbeiter
49

Umsatz
ca. 23 Mio. Euro

Kunden
ca. 50.000

Adresse
Zunftstraße 3,
86869 Oberostendorf

Standorte
Zentrale Allgäu:
Zunftstraße 3,
86869 Oberostendorf
Niederlassung Schweiz:
Unterlettenstr. 11,
9443 Widnau

Internet
www.reico-vital.com
www.alpen-vital.com

In exzellenter Anwendung

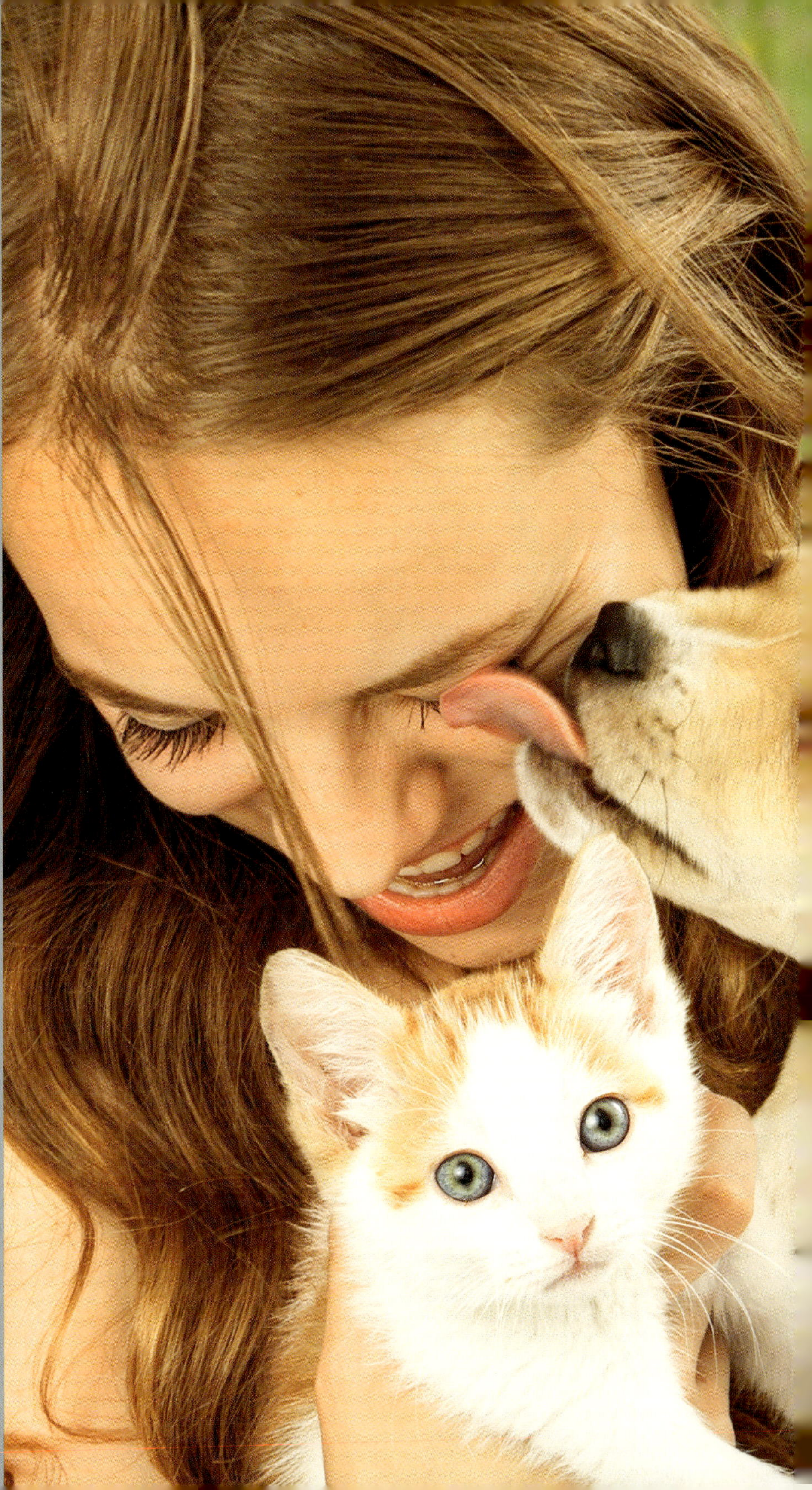

Für ein besseres Leben

KONRAD REIBER

REICO & PARTNER VERTRIEBS GMBH

Die Reico & Partner Vertriebs GmbH ist ein Familienbetrieb aus dem Allgäu, der sich auf den Direktvertrieb von artgerechter Tiernahrung für Katzen, Hunde, Pferde und Kleintiere sowie auf Boden- und Pflanzenhilfsmittel spezialisiert hat. Darüber hinaus bietet Reico auch Nahrungsergänzungsmittel und Kosmetikprodukte für Menschen an. 1992 wurde das Unternehmen von dem Tierheilpraktiker Konrad Reiber gegründet. Heute trägt mit seinen Töchtern Manuela Kunz und Petra Reiber bereits die nächste Generation Verantwortung im Unternehmen, das auf eine langfristig erfolgreiche Zukunft ausgelegt ist. Die Summe aus mehr als 30 Jahren Erfahrung im Vertrieb für Tiernahrung und über 40 Jahren Entwicklungserfahrung des Unternehmers bei Produzenten und Lieferanten stellt den Erfahrungsschatz des Unternehmens dar.

Eine wichtige Kernkompetenz steckt unter anderem in einem einzigartigen Herstellungsverfahren, bei dem hochwertige Kräuter besonders schonend mikronisiert werden, sodass die Inhaltsstoffe vollständig und wirksam erhalten bleiben. Alle Produzenten der qualitativ hochwertigen Produkte für Boden, Pflanze, Tier und Mensch sind zuverlässige Partner, die wie das Unternehmen großen Wert auf gleichbleibend hohe Qualität legen. In enger Abstimmung mit den Produzenten werden alle Produkte ständig nach neuesten Erkenntnissen weiterentwickelt.

HISTORIE

1992 Gründung des Familienunternehmens Reico Vital-Systeme durch Konrad Reiber

1997 Erster Spatenstich für den Neubau einer Lagerhalle und das dazugehörige Bürogebäude

1998 Umzug in das neue Firmengebäude nach Oberostendorf

2003 Neuausrichtung der Firma Reico Vital-Systeme zum Direktvertrieb

2004 Die beiden Töchter Manuela Kunz und Petra Reiber treten als Gesellschafterinnen in die Firma ein

2006 Modernisierung der Packstraße im Lager. Reico Vital-Systeme wird Mitglied im Bundesverband Direktvertrieb Deutschland e.V. (BDD)

2007 Verdoppelung der Bürofläche

2009 Gründung Reico Vital-Systeme Schweiz

2010 Inbetriebnahme der neuen Packstraße aufgrund des hohen Paketaufkommens – täglich werden mindestens 1.000 Pakete ausgeliefert

2011 Vertriebsstart in Italien

2012 20 Jahre Reico mit großem Jubiläumsevent

2013 Einzug in die neu gebaute Lagerhalle, Erweiterung auf 3.000 qm

2014 Die beiden Töchter Manuela Kunz und Petra Reiber treten zusätzlich als Geschäftsführerinnen in die Firma mit ein. Vertriebsstart in den Niederlanden und der Slowakei. Reico Vital-Systeme wird Mitglied im Schweizerischen Verband der Direktverkaufsfirmen (SVDF)

2016 Beginn des Neubaus eines Verwaltungsgebäudes

2017 Fertigstellung des Neubaus

Die Geschäftsführung und Reico-Gesellschafter:
Konrad Reiber und seine Töchter Manuela Kunz und Petra Reiber

KONRAD REIBER: DIE FAMILIE
IST DIE BASIS DES ERFOLGES

Als Sohn eines Landwirts geboren, trieb es Konrad Reiber nach seiner Landwirt-
schaftslehre und der langjährigen Tätigkeit als Verkaufsleiter in der Tiernah-
rungsbranche 1992 in die Selbstständigkeit. Ausgelöst wurde diese Entscheidung sowohl durch gesundheitliche Gründe als auch durch Veränderungen im
privaten und im beruflichen Bereich. Mit diesem Schritt verfolgte er sowohl
das Ziel der Unabhängigkeit als auch das Vorhaben, „alles besser machen zu
wollen als das, was er bisher erfahren hatte". So gründete er mit drei seiner
Kollegen, die gleichzeitig auch seine besten Freunde waren, das Unternehmen
Reico Vital-Systeme. Nach acht sehr erfolgreichen Jahren kam es infolge der
BSE-Krise im Jahr 2000 zu einem Zusammenbruch des Geschäftes. Doch dieser
hatte auch sein Gutes: Er öffnete Konrad Reiber die Augen. Denn mit der Krise
entwickelten sich zunehmend größere Meinungsverschiedenheiten zwischen
den Geschäftsführern. Er stellte fest, dass es keine klare, gemeinsame Vorstellung von der Zukunft des Unternehmens gab und dass eine Trennung unaus-
weichlich war. So kauften seine beiden Töchter Manuela Kunz, gelernte Groß-
und Außenhandelskauffrau, und Petra Reiber, gelernte Bankkauffrau, den
Partnern ihre Anteile ab. Damit war die Grundlage für den Wiederaufschwung
des Familienunternehmens geschaffen. Nach zwei Jahren intensiver Arbeit
kam 2003 mit dem Hinweis eines Zulieferers die Idee des Direktvertriebs ins
Spiel. Ganz nach Konrad Reibers Lebensmotto „Fang nie an aufzuhören, hör
nie auf anzufangen" von Marcus Tullius Cicero, nach dem er konsequent lebt
und das er auch als wichtige Quelle seines Erfolges ansieht, wurden alle alten
Zöpfe abgeschnitten. Daraufhin wurde der Direktvertrieb, so wie er noch heute
erfolgreich betrieben wird, aus eigenen Kräften aufgebaut.

Zu den wichtigsten Weggefährten für den beruflichen Erfolg von Konrad Reiber
zählt neben seinen beiden Töchtern auch sein früherer Chef, für den er 20 Jahre
lang arbeitete und den er heute als unternehmerischen Ziehvater ansieht.
Eine der wichtigsten Leitlinien, die er von seinem Chef gelernt hat, ist, dass

das ganze Unternehmen keinen Wert hat, wenn es keinen Markt gibt und dass der Erfolg eines jeden Unternehmens vom Zugang zum Kunden abhängt – und genau da setzt der Erfolg von Reico Vital-Systeme an.

Konrad Reiber liegt aber nicht nur der Erfolg seines Unternehmens am Herzen, sondern vor allem auch die Menschen selbst. So besteht seine persönliche Lebensvision darin, dass sich die Menschen auch über sein Leben hinaus gerne an ihn erinnern und daran denken, dass die Produkte, die ihr Leben verbessert haben, von ihm entwickelt wurden.

FRAGEN AN KONRAD REIBER

Herr Reiber, Sie legen großen Wert auf Qualität. Welchen Stellenwert nimmt die Qualität Ihrer Produkte im Streben nach Sympathie ein?

Die Qualität der Produkte, verbunden mit der Sympathie, sichert unser gesamtes Unternehmen in seiner Existenz. Daher hat die Sympathie bei uns einen sehr hohen Stellenwert.

Welche Voraussetzungen müssen in einem Unternehmen gegeben sein, damit es als sympathisch wahrgenommen wird?

Zunächst sollte jeder Mitarbeiter authentisch sein. Wenn jeder Mitarbeiter auf seinem Posten zum Wohl des Kunden agiert und sich immer bemüht, es jeden Tag noch ein bisschen besser zu machen, dann wirkt die Firma automatisch sympathisch. Damit dies gelingen kann, bemühen sich unsere Führungskräfte, es tagtäglich vorzuleben.

Herr Reiber, Sie sprechen bei Ihrem Vertrieb von einem ganz einfachen „Vormachen-Nachmachen-Modell": Sympathie + Kompetenz + Vertrauen = Erfolg. Welchen Stellenwert nimmt Ihres Erachtens die Sympathie in dieser Gleichung ein?

Da wir unsere Produkte im Direktvertrieb vermarkten, ist die Sympathie eines jeden Beraters entscheidend – ganz nach dem Motto: „Es gibt keine zweite Chance für den ersten Eindruck." Somit entscheidet Sympathie, ob ein Kunde sich auf unser Unternehmen einlässt und etwas kauft. Wenn zur Sympathie noch Kompetenz dazukommt, dann ist der Kunde ganz leicht zu gewinnen.

Wie ist Ihres Erachtens das Zusammenspiel zwischen Sympathie und Exzellenz in einem Unternehmen?

Das Zusammenspiel von Sympathie und Exzellenz ist sehr wichtig. Denn bei zu viel Exzellenz könnte es ganz schnell in Richtung Überheblichkeit gehen. Die Sympathie bliebe dann auf der Strecke. Sie ist für uns, wie schon oben erwähnt, einer der wichtigsten Faktoren.

Exzellenz wird häufig als Weg beschrieben und weniger als Ziel. Wie sehen Sie das?

Im Unternehmen gibt es kein Endziel. Hier gibt es nur Etappenziele. So ist der Weg das Alltägliche und deshalb ist es auch bei uns so, dass der Weg zur Exzellenz das Ziel ist.

Was bedeutet für Sie Exzellenz? Wie leben und wie fördern Sie sie in Ihrem Unternehmen?

Wenn sich Mitarbeiter, Kunden und Berater bei mir bedanken, wenn diese mir positive Rückmeldung geben und wenn alle um mich herum zufrieden sind, gern für unser Unternehmen arbeiten bzw. gern unsere Produkte kaufen, dann ist das für mich ein Zeichen von Exzellenz. Wir fördern sie, indem wir Cay von Fournier engagieren und leben sie, indem wir UnternehmerEnergie im gesamten Unternehmen umsetzen.

REICO: LEBEN IM GLEICHGEWICHT ALS GRUNDLAGE DES UNTER- NEHMERISCHEN HANDELNS

Reico Vital-Systeme fühlt sich dem Schutz der Schöpfung verpflichtet. Deshalb beinhaltet das Portfolio ausschließlich Produkte, die einen wertvollen und nachhaltigen Beitrag zur Verbesserung und Erhaltung des Gleichgewichts von Böden, Pflanzen, Tieren und Menschen leisten. Bei diesen Bestrebungen liegt dem Familienunternehmen aus dem Allgäu das Wohlbefinden der Kunden und ihrer Tiere ganz besonders am Herzen. Deshalb verwendet Reico Vital-Systeme in seinen einzigartigen Produkten nur das Beste, das die Natur zu bieten hat und bringt den Körper dadurch in sein mineralisches Gleichgewicht. Dabei macht sich das Unternehmen bei der Produktentwicklung die Erkenntnisse aus über 40 Jahren Praxiserfahrung in Bezug auf die Grundlagen des Naturkreislaufs von Mineralien und Spurenelementen zunutze. Die daraus resultierende hochwertige Qualität der Produkte in Kombination mit einer sehr hohen Service- und Beratungsqualität ist die Grundlage des erfolgreichen Agierens von Reico Vital-Systeme am Markt.

QUALITÄT IN ALLEN BEREICHEN

Eine umfassende Kundenbefragung zeigt die sehr hohe Qualität von Reico Vital-Systeme in allen Bereichen: bei den hochwertigen Produkten, beim Kundenservice, bei der Beratung durch Mitarbeiter und Vertriebspartner sowie bei den Produktinformationen. Das positive Gesamtergebnis der Kundenbefragung bestätigt das Unternehmen in seinen bisherigen Leistungen. Gleichzeitig ist es für alle Mitarbeiter und Vertriebspartner die Verpflichtung, die hohe Qualität in allen Bereichen auch in Zukunft zu erbringen. Denn die Qualität der Produkte und Beratung garantiert dem Unternehmen aus dem Allgäu zufriedene und langfristig treue Kunden. Das wiederum sichert die Arbeitsplätze der Mitarbeiter.

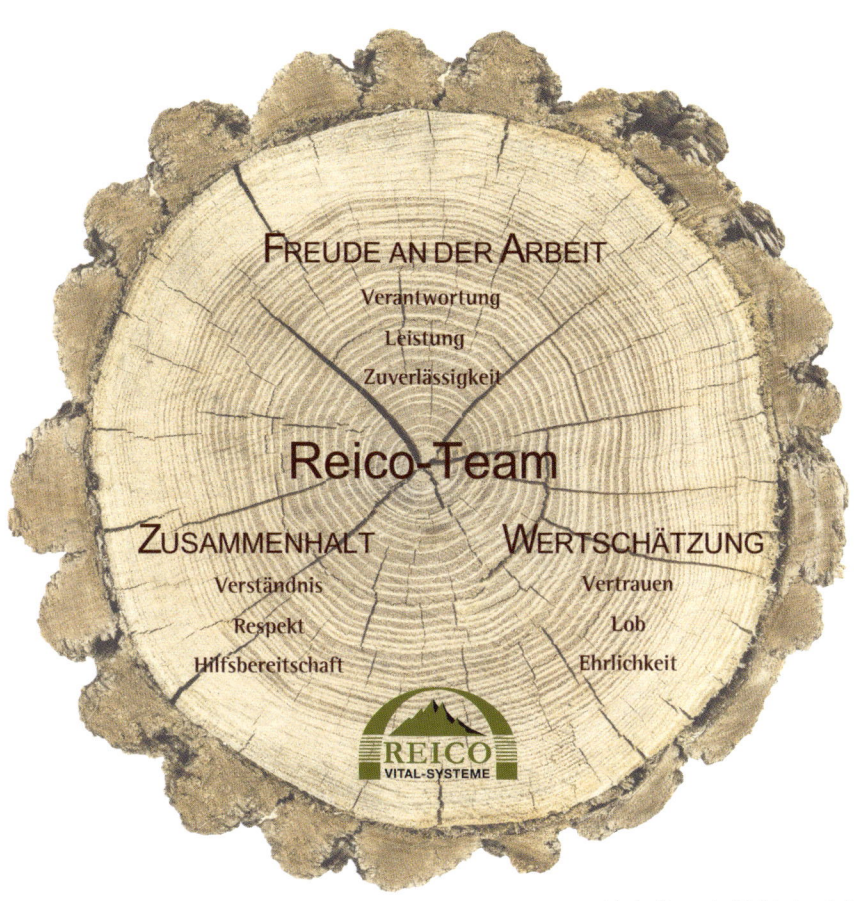

FREUDE AN DER ARBEIT
Verantwortung
Leistung
Zuverlässigkeit

Reico-Team

ZUSAMMENHALT   WERTSCHÄTZUNG
Verständnis   Vertrauen
Respekt   Lob
Hilfsbereitschaft   Ehrlichkeit

REICO
VITAL-SYSTEME

Verhaltens-Leitbild des Reico-Teams

DER MENSCH STEHT IM MITTELPUNKT

Die gut ausgebildeten, hoch motivierten und zufriedenen Mitarbeiter sieht das Familienunternehmen als sein wichtigstes Kapital an. Nicht zuletzt deshalb wurden sie in die Entwicklung des Unternehmensleitbildes einbezogen. Mit diesem verpflichtet sich Reico Vital-Systeme, hohe ethische Grundsätze und Werte einzuhalten. Dabei steht immer der Mensch in seiner Rolle als Mitarbeiter, Kunde oder Geschäftspartner im Mittelpunkt des Denkens und Handelns. Das Unternehmen pflegt eine offene und vertrauensvolle Kommunikation. Gegenseitiger Respekt und Wertschätzung schaffen ein motivierendes Arbeitsklima. Eine ständige Überprüfung und regelmäßige Anpassung des Verhaltens-Leitbilds an die Erfordernisse der sich schnell wandelnden Zeit werden vorgenommen. Die darin enthaltenen Werte wie beispielsweise Vertrauen, Respekt vor der Umwelt, Respekt vor Mensch und Tier, Ehrlichkeit und Zuverlässigkeit haben dabei aber dauerhaft Bestand und werden im Unternehmen durch und durch gelebt.

UNTERNEHMERENERGIE, DIE WIRKT

Konrad Reiber hat das Unternehmen selbst gegründet und von null an aufgebaut. Durch ein Ereignis, das er nicht beeinflussen konnte, geriet er in die größte Krise seines Geschäftslebens. Doch aus dieser Krise entstand etwas Gutes: Er hat ein wunderbares Unternehmen geschaffen und damit die Krise als Chance gesehen.

Da die Natur für Herrn Reiber seit Jahren die wichtigste Inspirationsquelle ist, waren ihm die Wirksamkeit und der Nutzen von Saat und Ernte seit Langem Vorbild seines Schaffens. Die Erkenntnisse aus den UnternehmerEnergie-Seminaren helfen Herrn Reiber und seinen Töchtern heute dabei, den Faktor Mensch genauer zu bewerten, um schlagkräftige Teams zu formen. In den letzten Jahren hat Konrad Reiber sehr viel in die Ausbildung der Mitarbeiter investiert. Er hat es aber nicht bereut, da nun alle wissen, worum es geht. Alle haben das System UnternehmerEnergie in einem Seminar kennengelernt und dabei auch ihre eigene Wirksamkeit reflektiert.

Als alle Mitarbeiter geschult waren, wurden in einem Workshop alle Maßnahmen festgelegt, die die Umsetzung von UnternehmerEnergie beschleunigen. Es folgte die Entwicklung eines Unternehmensleitbilds, an der alle Mitarbeiter beteiligt waren. Das Organigramm wurde überarbeitet und das schnelle Unternehmenswachstum machte eine praktische Organisationsentwicklung und das Ernennen von Führungskräften mit eigenen Verantwortungsbereichen notwendig. Auch die Jahreszielplanung wurde zu einem festen Bestandteil der Unternehmenssteuerung. Derzeit werden alle Aufgaben im Unternehmen neu bewertet und überarbeitet.

EINZIGARTIGE POSITIONIERUNG IN DER BRANCHE

In Deutschland gibt es keinen Wettbewerber, der ein vergleichbares Angebot bietet. Das Familienunternehmen aus dem Allgäu hat vielfältige Alleinstellungsmerkmale, die es von anderen Anbietern unterscheidet: Angefangen von dem hochwertigen Produktportfolio über die langjährige Fachkompetenz in der Ernährungsbranche bis hin zur Praxiskompetenz der Berater. Diese einzigartige Positionierung soll auch in den nächsten Generationen ausgebaut und weiterentwickelt werden, um eine dauerhafte und erfolgreiche Zukunft zu garantieren. Denn die kommenden 25 Jahre sollen mindestens genauso erfolgreich werden wie die vergangenen.

Und so hat das Unternehmen aus dem Allgäu ambitionierte Ziele: In den nächsten 10 Jahren soll der Umsatz mindestens verdoppelt werden. Dafür will das Unternehmen in Deutschland seine gesamte Produktpalette für Boden, Pflanze, Tier und Mensch erfolgreich flächendeckend anbieten sowie seine Position als Marktführer im Direktvertrieb für Hunde- und Katzenfutter ausbauen.

Ein beständiges und gesundes Wachstum im europäischen Raum ist dem Familienunternehmen dabei besonders wichtig. Bevorzugt werden bei dieser von Reico Vital-Systeme verfolgten Expansionsstrategie Länder, in denen gute Chancen und Rahmenbedingungen für das Unternehmen gegeben und die Risiken abschätzbar sind.

DIREKTVERTRIEB MIT ZUVERLÄSSIGKEIT UND FAIRNESS

Das Allgäuer Unternehmen ist davon überzeugt, dass persönliche Beratung und optimaler Service am besten vor Ort bei den Kunden stattfinden. Daher setzt es seit 2003 auf den Direktvertrieb, der auf einer fairen Partnerschaft mit externen Beratern und einem fairen Provisionsmodell nach den Prinzipien des Network Marketings basiert. Dabei unterstützt das Unternehmen seine Partner bei ihrer Tätigkeit sowie in ihrer eigenen Weiterentwicklung mit modernsten Methoden und Werkzeugen – angefangen von Seminaren und Webinaren über professionelles Marketing, Facebook-Aktivitäten, persönlichen Telefonservice und gemeinsame Events bis hin zu einer eigenen Reico-App.

Seit 2006 ist Reico Vital-Systeme Mitglied im Bundesverband Direktvertrieb, dessen Richtlinien für das eigene Handeln verbindlich sind. Das wird einmal mehr dadurch garantiert, dass das Familienunternehmen den Vorsitzenden des Verbandes stellt. Dabei ist Reico Vital-Systeme die von den Partnern geschätzte Zuverlässigkeit und Fairness besonders wichtig. So wurden beispielsweise bei dem Unternehmen bisher noch keine Klagen eingereicht, was im Direktvertrieb eher ungewöhnlich ist. Auch ist Reico Vital-Systeme das einzige Unternehmen im Direktvertrieb, das keine ordentliche Kündigung ausspricht. Solange Umsätze generiert werden, partizipieren die Berater daran. Das bestätigt einmal mehr die auf Menschen ausgerichtete Wertekultur, die das Familienunternehmen aus dem Allgäu so sympathisch macht.

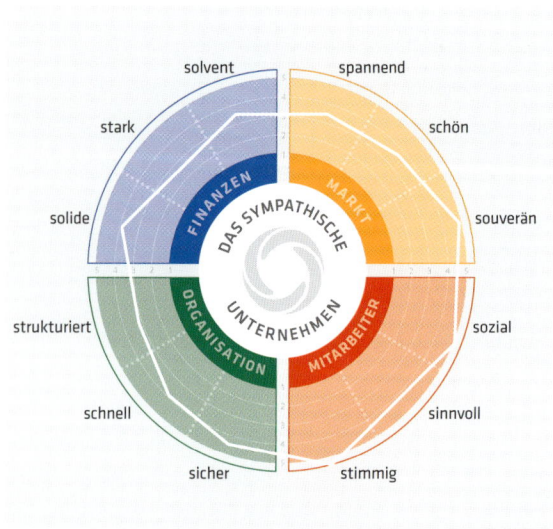

MEIN FAZIT

Das Unternehmen fasziniert durch die Menschen und das familiäre Miteinander. Reico Vital-Systeme ist eine große Familie, die von der Familie Reiber ausgeht und sowohl die Mitarbeiter als auch die knapp 4.000 aktiven Partner einschließt. Die Führung ist sehr authentisch und souverän.

Eine hohe Profitabilität ist wichtig für die Weiterentwicklung des Unternehmens. Diese ist aber nur durch ein exzellentes Netzwerk und gut qualifizierte Mitarbeiter möglich. Deshalb investiert Reico Vital-Systeme regelmäßig in Veranstaltungen und Fortbildungen. Die Unternehmenswerte werden im Alltag gelebt und es kommt durchaus vor, dass ein Partner, dessen Wertesystem nicht zu dem des Familienunternehmens passt, abgelehnt wird.

Wie es für jedes wachsende Unternehmen üblich ist, gibt es bei der Struktur und Organisation von Reico Vital-Systeme durchaus noch Verbesserungspotenzial. Die Zuverlässigkeit gegenüber Partnern und Kunden wird derzeit noch durch einen großen Einsatz an Zeit und Fleiß erbracht. Doch langfristig könnte das Unternehmen durchaus auf einfacheren Wegen Erfolge feiern. Diese Potenziale sind bekannt und mit der Einführung von UnternehmerEnergie wird daran gearbeitet.

Reico Vital-Systeme genießt bei seinen Partnern, aber auch in der Region, einen exzellenten Ruf, was auch in direktem Zusammenhang mit dem sympathischen Unternehmer und seiner Familie steht. Sie sind ein exzellentes Beispiel dafür, warum mittelständische Unternehmen dieses große Plus an Sympathie erhalten, wenn es ihnen gelingt, alle Faktoren eines Unternehmens in Balance zu bringen und den Faktor „Menschlichkeit" ganz nach vorne zu stellen.

Der Sinn des Allgäuer Familienunternehmens besteht in der Förderung der Gesundheit von Boden, Pflanze, Tier und Mensch – ein ganzheitlicher, sinnvoller Ansatz in einer Welt, in der dieses Bewusstsein zunehmend verloren geht. Ein sympathisches Unternehmen von sympathischen Menschen, die mit sympathischen Partnern einen großen Beitrag für eine bessere Welt leisten.

Mitarbeiter
65

Umsatz
70 Mio. Euro

Kunden
6.000

Adresse
Merkurring 2,
22143 Hamburg

Internet
www.Penske-Hamburg.de

UnternehmerEnergie®

In exzellenter Anwendung

Der Automobile-Olymp

CHRISTIAN BOE UND MARCUS MEZÖDI

PENSKE SPORTWAGEN HAMBURG GMBH

Die Immobilie des Luxusautomobilhändlers Penske Sportwagen Hamburg GmbH

Faszinierende Automobile, perfekter Service und eine knisternde Atmosphäre: Genau wie es einer Weltstadt gebührt. Das Autohaus Penske Sportwagen Hamburg GmbH präsentiert in Hamburg alle fünf Marken des Olymps und ist damit einer der größten Luxusautomobilhändler und -servicepartner Europas. Vertreten sind hier die Luxusautomobilmarken Aston Martin, Bentley, Ferrari, Lamborghini sowie Maserati. Gegründet wurde das Autohaus 1981 vom jungen Heiner Tamsen. Im Jahre 2004 übernahm die Penske Automotive Group, einer der weltweit größten und erfolgreichsten Automobilhändler aus den USA, das Unternehmen.

Penske Sportwagen Hamburg hat in den letzten Jahren kontinuierlich sowohl die Mitarbeiteranzahl erweitert als auch in die räumlichen und technischen Kapazitäten investiert. Inzwischen arbeiten 65 Mitarbeiter am Standort Hamburg. Auf über 2.000 qm Ausstellungsfläche werden rund 100 Automobile präsentiert. Markenaffine Erlebniswelten und 22 speziell für die einzelnen Marken ausgerüstete Servicearbeitsplätze bieten ideale Voraussetzungen für die Präsentation und den Service der Luxusautomobile.

HISTORIE

1981 Gründung der TAMSEN GmbH in Bremen/Stuhr

1991 Eröffnung des neu gebauten Showrooms in Bremen/Stuhr. In den kommenden Jahren erhält das Unternehmen Händler- und Service-verträge von Aston Martin, Bentley, Ferrari, Lamborghini, Maserati und Rolls Royce. In den nächsten Jahren entwickelt sich das Unternehmen zu einem der größten und erfolgreichsten Luxusautomobilhändler und -servicepartner Europas

2003 Eröffnung eines weiteren Standortes in Hamburg/Rahlstedt

2004 Heiner Tamsen verkauft sein Lebenswerk an die Penske Automotive Group. Roger Penske, ein erfolgreicher Automobilunternehmer aus den USA, erwirbt den Automobil-Diamanten. Martin Blome übernimmt die Geschäftsführung

2005 Der Servicebereich in Hamburg wird vergrößert, um eine noch profes-sionellere Betreuung der Kunden gewährleisten zu können

2008 Straffung des Markenportfolios, Konzentration auf die Marken Aston Martin, Bentley, Ferrari, Lamborghini und Maserati

2013 Christian Boe übernimmt die Geschäftsführung der TAMSEN GmbH

2014 Im Rahmen einer strategischen Neuausrichtung konzentriert sich das Unternehmen auf den Ausbau des Standortes Hamburg. Zeitgleich wird der Standort Bremen/Stuhr geschlossen

2015 Erweiterung des Serviceangebotes und der Servicequalität durch Inves-tition in 14 weitere Werkstattarbeitsplätze

2016 Eröffnung der nach neuester CI umgestalteten Markenwelten für Ferrari und Maserati

2017 Mit der Ernennung von Marcus Mezödi als weiterer Geschäftsführer wird zeitgleich der Name des Unternehmens von TAMSEN GmbH auf Penske Sportwagen Hamburg GmbH geändert. Dieser Schritt symbolisiert den Abschluss der Neuausrichtung dieses einzigartigen Luxusmarkenautohauses

Das Top-Management-Team der Penske Sportwagen Hamburg GmbH:
Christian Stephan, Marcus Mezödi, Kai Rodovsky, Christian Boe, Andreas Tourneau (v.l.)

DAS TOP-MANAGEMENT-TEAM: ERFOLG AUF GRUNDLAGE GLEICHER GRUNDWERTE

Das Top-Management-Team der Penske Sportwagen Hamburg GmbH setzt sich zusammen aus zwei Geschäftsführern und drei Geschäftsleitungsmitgliedern. Insgesamt umfasst das Team 65 Automobilenthusiastinnen und Automobilenthusiasten.

Christian Boe leitet seit 2013 – parallel zu seiner Tätigkeit als Geschäftsführer des Porsche Zentrums Mannheim, das ebenfalls ein Unternehmen der Penske Automotive Group ist – als Geschäftsführer die Penske Sportwagen Hamburg GmbH. Unterstützt wird Christian Boe seit 2014 durch Marcus Mezödi, der seit 2017 ebenfalls als Geschäftsführer dem Unternehmen vorsteht. Für Marcus Mezödi ist dies der spannendste Job, den er sich vorstellen kann. Er nimmt – so wie seine Geschäftsleitungskollegen – die vielschichtigen Herausforderungen des Alltags stets gern an.

Zur Geschäftsleitung zählt des Weiteren der Verkaufsleiter Neuwagen Kai Rodovsky, der nach seiner Ausbildung als Verkaufsassistent am ehemaligen Bremer Standort seinen Werdegang bei Tamsen begann und mittlerweile, mit kurzer Unterbrechung, seit fast 20 Jahren für den Luxusautomobilhändler arbeitet. Nach seiner Mitwirkung bei der Gründung des Hamburger Standorts stand und steht er als langjähriger Markenbotschafter für Mitarbeiter und Kunden zur Verfügung.

Neben Kai Rodovsky ist Christian Stephan in der Geschäftsleitung für den Verkaufsbereich Gebrauchtwagen verantwortlich. Er startete Anfang 2013 als Verkäufer der Marke Aston Martin bei Penske Sportwagen Hamburg und ist seit Anfang 2014 für das komplette Gebrauchtwagengeschäft von Penske Sportwagen Hamburg zuständig.

Den Bereich After Sales mit seiner Werkstatt und seinem Teile- sowie Zubehör-programm vertritt Andreas Tourneau, der seit 2017 das Penske Sportwagen Hamburg Team ergänzt. Mit über 15 Jahren Erfahrung – unter anderem auch mit den Marken Bentley und McLaren – ist er ein wichtiger Garant für die weiterhin erfolgreiche Entwicklung im Hause Penske Sportwagen Hamburg.

Die Geschäftsleitung führt das Unternehmen im Profitcenter-Gedanken auf Grundlage betriebswirtschaftlicher Kennzahlen. Trotz allem stehen der Teamge-danke und vor allem auch die gemeinsame Basis der Grundwerte, die im Penske Sportwagen Hamburg Kodex verankert sind, stets im Vordergrund aller Aktivi-täten. Gemeinsam mit einem einheitlichen Verständnis über den Standpunkt und die Ziele des Unternehmens sowie über die notwendigen Maßnahmen zur Zielerreichung ist dies die Grundlage für den Erfolg von Penske Sportwagen Hamburg. Sie vereint die Kräfte in der Geschäftsleitung zu einer unglaubli-chen Power, welche die Realisierung der Vision zusammen mit dem gesamten Penske Sportwagen Hamburg Team greifbar erscheinen lässt: „Das Team der Penske Sportwagen Hamburg GmbH, einem Unternehmen der Penske Automo-tive Group, begeistert seine Kunden, Mitarbeiter, Lieferanten und Shareholder rund um die Marken Aston Martin, Bentley, Ferrari, Lamborghini und Maserati. Unsere Produkte gehören zu den sportivsten und luxuriösesten weltweit, daher erbringen wir Dienstleistungen, die einem 5-Sterne-Anspruch in Deutschland entsprechen. Unsere Kunden haben sich zu Freunden und Fans des Hauses entwickelt." Diese Vision lebt das Top-Management-Team des Autohauses Penske Sportwagen Hamburg den Mitarbeitern tagtäglich vor.

FRAGEN AN DIE GESCHÄFTSLEITUNG VON TAMSEN

Herr Boe, welche Voraussetzungen müssen in einem Unternehmen gegeben sein, damit es als sympathisch wahrgenommen wird?

Die Wahrnehmung eines Unternehmens ergibt sich aus der Summe der Wahrnehmungen jedes einzelnen Mitarbeiters. Um als sympathisches

Unternehmen wahrgenommen zu werden, müssen folglich alle Teammitglieder als sympathisch wahrgenommen werden. Sympathie ist ein unsichtbares Band, das verbindet und eine Anziehungskraft ausübt, zwischen Menschen und auch Unternehmen und Menschen. Und dieses Band ist besonders stark, wenn es durch gelebte Werte verbindet.

Unser Penske Sportwagen Hamburg Kodex beschreibt die Werte, nach denen wir entscheiden, wen wir in unser Team aufnehmen und nach denen wir unser tägliches Handeln und Arbeiten ausrichten. Damit legen wir die Basis für eine sympathische Ausstrahlung jedes Einzelnen und des gesamten Unternehmens. Sympathie ist eine Herzensangelegenheit, sie strahlt von Innen, sie ist ehrlich. Mitarbeiter, die unsere Werte leben und ihre Arbeit lieben, strahlen diese Sympathie authentisch aus. Sie lassen dieses unsichtbare Band der Sympathie zwischen Kunden und Unternehmen erst entstehen.

Wie ist Ihres Erachtens das Zusammenspiel zwischen Sympathie und Exzellenz in einem Unternehmen? Wie sieht das Zusammenspiel bei dem Autohaus Penske Sportwagen Hamburg aus?

Ein sympathisches Unternehmen besitzt eine hohe Anziehungskraft – wie ein Magnet. Unsere Kunden kommen mit einer hohen Erwartungshaltung zu uns, die wir nicht nur erfüllen, sondern die wir jeden Tag übertreffen wollen. Unser Ziel ist es, „angenehm anders als alle anderen" zu sein, die sogenannte Extrameile für unsere Kunden zu gehen, sie das Besondere erleben zu lassen – Exzellenz eben. Dabei ist Exzellenz kein Ziel, es ist ein Weg für unser Unternehmen, jeden Tag vom Besten zum noch Besseren zu gelangen. Der Kunde soll nicht nur die Exzellenz unserer Produkte erfahren, sondern auch die Exzellenz unserer Mitarbeiter, unserer Dienstleistungen und Prozesse spüren. Ein Kunde, der unsere sympathische Ausstrahlung im wahrsten Sinne des Wortes fühlt und die Exzellenz erfährt, ist nicht nur zufrieden und begeistert, er wird zum Fan, ja zum Botschafter, unseres Hauses.

Herr Mezödi, was bedeutet für Sie Exzellenz? Wie leben und fördern Sie sie in Ihrem Unternehmen?

Exzellenz ist für uns, die Kundenerwartungen zu übertreffen. Mit unseren faszinierenden Marken bewegen wir uns in einem Umfeld, in welchem die Kunden sehr hohe Ansprüche an ihre Automobile und die damit verbundenen Dienstleistungen stellen. Unser Unternehmen soll dabei als eigenständige Marke wahrgenommen werden, die alle Werte unserer Hersteller bündelt und auf ein exzellentes Level hebt.

Dies ist nur durch überdurchschnittliches Engagement unserer Mitarbeiter und stabile Prozesse möglich. Unsere Teamleistung wird von den Kunden sehr positiv wahrgenommen und macht unsere Kunden zu Freunden und Fans des Autohauses Penske Sportwagen Hamburg. Mit unserer klar definierten Unternehmensvision verfolgen wir das Ziel, der beste Automobilanbieter in der Welt dieser Luxusmarken zu werden.

Ihnen ist es wichtig, dass Exzellenz in Ihrem Autohaus nicht dazu führt, dass es als arrogant wahrgenommen wird. Wie stellen Sie dies sicher? Welche Maßnahmen ergreifen Sie dafür?

Meiner Auffassung nach hat Arroganz mit Exzellenz nichts zu tun, denn nur wer nicht arrogant ist, kann exzellent sein. Wir haben einen manifestierten Kodex in unserem Haus, der jedem Mitarbeiter bekannt ist und jedem neuen Mitarbeiter schon an seinem ersten Arbeitstag sehr dezidiert erläutert wird: „Wir behandeln jeden Besucher unseres Hauses als Gast, unabhängig von der Intention des Besuches." Die Resonanz auf diese Grundwerte findet man vor allem bei den sehr positiven Bewertungen unseres Hauses in den sozialen Medien. Höflichkeit, Freundlichkeit, Enthusiasmus, Leidenschaft, Rennsportbegeisterung und vor allem Dienstleistungsbereitschaft sind gelebte Praxis. Exzellenz kommt durch unser Team, Arroganz verhindert unser Team. Wir sind ein Team, das Penske Sportwagen Hamburg Team.

*Herr Rodovsky, Sie sind in Summe bereits 20 Jahre für Penske
Sportwagen Hamburg tätig. Wie hat sich aus Ihrer Sicht die
Sympathie-Wahrnehmung des Hauses im Zeitablauf verändert? Was
führte aus Ihrer Sicht zu dieser veränderten Wahrnehmung?*

Das Wohlbefinden und die positive Stimmung unserer Interessenten/
Kunden wird immer entscheidender – unsere faszinierenden Automobile
sind nicht lebensnotwendig, aber sie begeistern und sie sind eine Art
Belohnung. Das bedeutet, wenn wir die Erwartungshaltung unserer
Kunden und neuer Interessenten übererfüllen oder sie einfach nur überraschen und glücklich machen, investieren sie bei uns erhebliche Mittel
in ihre faszinierenden Fahrzeuge. In den vergangenen drei Jahren fokus-
sierten wir uns genau auf diese Punkte und wir werden diese weiter
perfektionieren. Wir kennen unsere Kunden. Wir kennen deren Leiden-
schaften, Prioritäten, Vorlieben und bieten das emotionale Umfeld hierfür.
Kennzahlen allein verkaufen keine Fahrzeuge, deshalb sind für ein
erfolgreiches Vertriebsgeschäft auch motivierte, leidenschaftliche und
sehr gut ausgebildete Mitarbeiter wichtig, die mit Stolz und Begeisterung unsere Marken vertreten und diese Begeisterung auf den Kunden
übertragen können. Mitarbeiter, die es schaffen, dem Kunden, dem
Freund des Hauses und dem Interessenten bei uns eine Wohlfühlatmo-
sphäre fernab des Alltages zu kreieren und ein besonderes Erlebnis zu
bieten, das er sich nicht für Geld kaufen kann. So hat zum Beispiel
einer unserer Auszubildenden bei der Ferrari Showroom Eröffnung nach
einer langen Feier am frühen Morgen die Bedürfnisse unserer Gäste
selbstständig erkannt und 50 Cheeseburger von einem nahegelegenen
Fast-Food-Restaurant besorgt. Unsere Gäste waren begeistert, überrascht
und die Erwartungen wurden in diesem Moment übererfüllt. Diese
positive Aktion ist noch heute Gesprächsthema unserer Kundschaft.

*Herr Stephan, Sie sind für den Verkauf von Gebrauchtwagen
verantwortlich. Was sind aus Ihrer Sicht die Erfolgsfaktoren für
Exzellenz in Ihrem Segment?*

Um ein erfolgreiches Gebrauchtwagengeschäft zu betreiben, sind perfekt aufbereitete und technisch einwandfreie Fahrzeuge sowie auch begeisternde Fahrzeugbilder und Beschreibungen im Internet unerlässlich. Auch sind die Reputation am und im Markt beziehungsweise bei unseren Kunden sowie faire Preise und eine reibungslose Abwicklung essenziell. Wir betreiben ein aktives Bestandsmanagement und haben den Mut, Entscheidungen zu treffen. Das heißt unter Umständen auch, Fahrzeuge ohne den vorab kalkulierten Ertrag zu verkaufen, wenn es die Marktsituation erfordert. Man muss den Markt – wie auch in anderen Branchen – genau beobachten, verstehen und die im Markt richtigen Preise finden: agieren anstatt reagieren! Auch wichtig ist der aktive Zukauf von Gebrauchtwagen, denn nur ein attraktives Gebrauchtwagenportfolio sichert den betriebswirtschaftlich effizienten Betrieb dieses Geschäftes.

Herr Tourneau, Sie verantworten den Bereich After Sales und legen demzufolge großen Wert auf Service-Qualität. Welchen Stellenwert nimmt diese im Streben nach Exzellenz ein?

Exzellenz ist unsere Maxime. Alles, was wir im Bereich Werkstatt, Zubehör und Ersatzteilwesen für unsere Kunden leisten, wird immer mit dem Ziel der Exzellenz ausgeführt. Hierbei ist es egal, ob wir kleinste Arbeiten durchführen oder umfangreiche und aufwendige Aufträge bearbeiten, wir bieten unseren Kunden perfekten Service mit den besten Originalteilen unserer Hersteller. Hierzu nutzen wir alle Möglichkeiten, unser Team durch interne und externe Schulungen auf dem neuesten Stand zu halten. Denn Professionalität ist im Bereich After Sales ein großer Teil der Exzellenz. Qualifizierte und fachkundige Aussagen über Ersatz- und Zubehörteile gehören ebenso dazu wie der perfekte Zustand des Fahrzeuges nach dem Werkstattbesuch. Klar formulierte Prozesse stellen sicher, dass wir diesen Anforderungen an unser Geschäft gerecht werden. Wir alle aus dem After Sales Bereich teilen uns diesen Anspruch und agieren im Team motiviert, engagiert, leidenschaftlich und vor allem nachhaltig. Unser Team lebt den Gedanken der Exzellenz.

PENSKE SPORTWAGEN HAMBURG GMBH: DAS AUTOHAUS AUF 5-STERNE-NIVEAU

Da sich bekanntlich vier von fünf deutschen Männern für schnelle, große, starke und schöne Autos begeistern, dürfen sich die Mitarbeiter des Luxusautomobilhauses Penske Sportwagen Hamburg sicher sein, dass sie hierzulande von etwa 80 Prozent des männlichen Geschlechts beneidet werden. Allein schon der Blick in das Unternehmensgebäude lässt die Herzen höherschlagen: hier ein rassiger Supersportwagen der Marke Ferrari, dort ein eleganter Grand Tourer von Aston Martin. Nicht weit davon entfernt ein performanter Racer von Lamborghini, dort ein leistungsstarkes SUV der Marke Maserati neben einem imposanten Bentley. Seit genau zehn Jahren steht das knapp 4.000 Quadratmeter große Autohaus jetzt am Merkurring in Rahlstedt. Hier betreut das Team rund 4.400 Kundenfahrzeuge und verkauft pro Monat etwa 40 exklusive Fahrzeuge dieser Luxusmarken. Wobei nicht vergessen werden darf, dass der Kunde für die Mehrzahl dieser automobilen Träume bereit ist, mehr als 100.000 Euro zu investieren. Die Eröffnung des Luxusautomobilhauses in der Hansestadt Hamburg war eine ausgezeichnete strategische Entscheidung: Hamburg bietet wohl wie keine andere Stadt in Deutschland die perfekten Rahmenbedingungen für dieses Markenportfolio. Die hanseatischen Grundwerte der Perfektion, Individualität und des Servicegedankens harmonieren hervorragend mit den Fahrzeugen und Leistungen von Penske Sportwagen Hamburg. Den richtigen Standort innerhalb Hamburgs zu finden war allerdings nicht leicht. Rahlstedt bietet gleich mehrere Vorteile, wie „emotionale" Teststrecken ohne Staus und Ampeln, ausreichende Stellflächen und Parkplätze, die Nähe zur Autobahn, um die gesamte Performance der Fahrzeuge erleben zu können, und nur 30 Minuten Fahrzeit bis zum Flughafen.

NUR DAS BESTE IST GERADE GUT GENUG

Nach der Übernahme durch die Penske Automotive Group steht Penske Sportwagen Hamburg heute nicht nur für eines der größten und erfolgreichsten

Luxusautohäuser Europas, sondern vor allem für einen ganz besonderen Anspruch: nur das Beste zu geben. Dieser Anspruch treibt das Team jeden Tag aufs Neue an. Dabei gilt: Manufaktur statt Fließband. Denn die Automobile der Hersteller sind der Maßstab in ihrer Klasse, dem High-Luxury und Ultra-Sportwagensegment. Italienisches Temperament und Rasse von Ferrari und Lamborghini, gepaart mit der Eleganza und Grandezza von Maserati, britisches, stilvolles Understatement von Bentley, kombiniert mit der puren, ästhetischen Formensprache von Aston Martin. Power, Beauty und Soul gilt dabei für alle Marken gleichermaßen, die im Hause Penske Sportwagen Hamburg angeboten werden. Die Autos gehören zu den sportivsten und luxuriösesten weltweit. Vor diesem Hintergrund strebt das Team tagtäglich nach einer Dienstleistung auf 5-Sterne-Niveau. Gerade in den letzten Jahren haben sich dadurch viele Kunden zu Freunden und Fans des Hauses entwickelt. Basis hierfür waren Entscheidungen des Managements, Barrieren wie die Klingeln an den Eingangstüren zu deaktivieren, jeden, der das Autohaus betritt, als Gast zu betrachten und die besten Rahmenbedingungen für eine emotionale und außerordentliche Erfahrung bei Penske Sportwagen zu schaffen. Das Signal ist ganz klar: Hier ist jeder herzlich willkommen – egal ob Kunde, Interessent, Pressevertreter oder Schüler. Jeder Besucher wird mit der gleichen Freundlichkeit begrüßt und sein Anliegen auf dem gleichen, hohen Service-Niveau bedient.

KUNDEN ZU FANS ENTWICKELN

Bei dem weiteren Streben nach Exzellenz auf allen Ebenen unterstützt das Führungssystem UnternehmerEnergie das Team in den verschiedenen Bereichen. Christian Boe, der bereits seit vielen Jahren mit UnternehmerEnergie den Erfolg des Porsche Zentrums Mannheim vorantreibt, ist sich sicher, dass ihn UnternehmerEnergie auch bei der Neuausrichtung von Penske Sportwagen Hamburg wesentlich unterstützt hat. Davon überzeugt ist auch die gesamte Geschäftsleitung, die UnternehmerEnergie in ihren Arbeitsalltag implementiert hat – angefangen bei jährlichen Mitarbeitergesprächen über die Einbindung von Mitarbeitern in Entscheidungen bis hin zur Transparenz bei der strategischen

Ausrichtung des Unternehmens. Kontinuierliche Schulungen und die aktive Kommunikation der eingeschworenen Penske Sportwagen Hamburg Gemeinschaft, die durch den regelmäßigen Austausch untereinander und über eine Mitarbeiterzeitung gefördert wird, flankieren diese Aktivitäten. So steht gemäß dem Motto von Cay von Fournier auch bei Penske Sportwagen Hamburg „der Mensch im Mittelpunkt", sowohl in Bezug auf die Mitarbeiter als auch auf die Kunden. Denn das Team ist sich bewusst, dass der Mensch und damit der persönliche Kontakt gerade auch im Luxussegment der Schlüssel zum Erfolg ist.

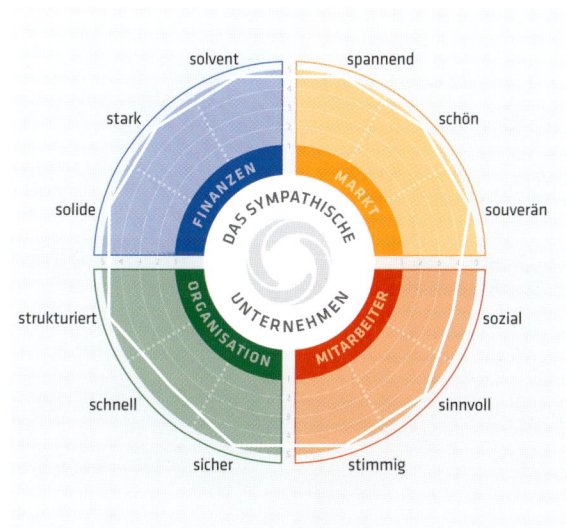

MEIN FAZIT

Ich kenne Christian Boe seit mehr als zehn Jahren. Ihn zeichnet die Kombination aus exzellentem Anspruch und der entsprechenden Sympathie aus. Das macht nicht nur ihn sympathisch, sondern auch die Unternehmen, die er bisher geprägt hat. So bringt er auch die Kernbotschaft dieses Buches sinngemäß auf den Punkt: „Ein Kunde, der eine sympathische Ausstrahlung fühlt und dabei eine exzellente Leistung erlebt, ist begeistert und wird zum Fan." Es sieht von außen leicht aus, so attraktive Marken anzubieten wie die Penske Sportwagen Hamburg GmbH. Aber gerade diese Marken bringen auch eine Verpflichtung mit sich, ihnen jeden Tag aufs Neue gerecht zu werden. Dem Team gelingt das außergewöhnlich gut und so ist Penske Sportwagen Hamburg eines der sympathischsten und zugleich besten Autohäuser Deutschlands. Die Kunden kommen von weit her, um dort Kunden zu sein und sich dabei trotz allem Luxus als Mensch zu fühlen. Christian Boe und Marcus Mezödi haben es zusammen mit ihrer Geschäftsleitung geschafft, dass sich alle im Team als Persönlichkeiten verstehen, die für besondere Persönlichkeiten arbeiten dürfen. Es ist diese menschliche Verbindung, die aus einem exzellenten Unternehmen auch ein sympathisches Unternehmen macht.

Aktuelle Zahl der Mitarbeiter
38, davon drei
Auszubildende

Kunden
8.900 pro Woche

Anzahl der Standorte
1

Umsatz
8 Mio. Euro

Quadratmeter-produktivität
10.000 Euro

Adresse
Sattlerweg 8,
51429 Bergisch Gladbach

UnternehmerEnergie®
In exzellenter Anwendung

Von verliebten Mitarbeitern zu verliebten Kunden

URSULA WINTGENS

REWE WINTGENS OHG

Der REWE-Markt Wintgens in Bergisch Gladbach

Der 760 qm kleine Supermarkt REWE Wintgens ist mehr als nur ein Supermarkt – er ist eine große Familie. Den prognostizierten niedrigen Überlebenschancen zum Trotz gründete die gelernte Fleischereifachverkäuferin Ursula Wintgens 1999 den Markt in Bergisch Gladbach-Bensberg. Nach anfänglichen Anlaufschwierigkeiten hat sich viel verändert: Der Supermarkt gehört heute deutschlandweit zu den besten.

Qualitativ hochwertige und vor allem frische Waren sind selbstverständlich. Außerdem zeichnet sich das Team um Ursula Wintgens durch eine außergewöhnliche Kundennähe sowie ein vorbildliches Miteinander aus. Gemeinsam mit 38 Mitarbeitern aus 10 Nationen sorgt die Ausnahme-Kauffrau mit vielen kleinen Aktionen für Aufmerksamkeit und überrascht ihre Kunden immer wieder aufs Neue. Außerdem liegt Ursula Wintgens das regionale und soziale Engagement sehr am Herzen: Sie unterstützt mit ihrem REWE-Markt Flüchtlingsunterkünfte, Kindergärten, Seniorenheime, Schulen und Vereine.

HISTORIE

01.04.1999   Gründung des Unternehmens REWE Wintgens oHG

28.04.1999   Eröffnung des Marktes an einem Standort, der laut Standortanalyse als nicht überlebensfähig gilt

Bis Ende 1999   In der ersten Zeit scheint sich diese Prognose zu bewahrheiten. Der Wochenumsatz liegt umgerechnet bei rund 25.000 Euro. Sämtliche Marketingmaßnahmen sind wirkungslos und dem Markt fehlen die Kunden. Es geht erst bergauf, als sich herumgesprochen hat, dass der Markt sehr viel Wert auf frische Produkte legt und ein sehr nettes Team hat

2002   REWE Wintgens macht zum ersten Mal keine Verluste. Ab diesem Zeitpunkt kann jedes Jahr ein Umsatzplus verzeichnet werden

Ab 2005   Ursula Wintgens gerät in ein persönliches Tief. Sie ist unzufrieden mit ihrem Leben, das ausschließlich aus Arbeit besteht. Diese Unzufriedenheit wirkt sich auf ihre Mitarbeiter aus und letztlich bekommen sie auch die Kunden zu spüren. Daraufhin stagniert der Umsatz und sinkt schließlich sogar

Herbst 2010   Ein Mitarbeiter der REWE-Zentrale kommt auf Ursula Wintgens zu und berichtet ihr vom Seminar UnternehmerEnergie. Da sie durchaus etwas „Energie" gebrauchen kann und es ihrer Ansicht nach auch nicht mehr schlimmer kommen kann, meldet sie sich zum Seminar an. Während des Seminars erkennt Ursula Wintgens, dass die schlechten Umsätze auch an ihrer persönlichen Unzufriedenheit liegen. Sie versteht, dass sich etwas ändern muss

Februar 2011   Um ihre Führungskräfte auf das gleiche Wissens-Level zu bringen, lädt Ursula Wintgens sie zu einem internen UnternehmerEnergie-Seminar auf Mallorca ein

März 2011   Gemeinsam mit den Führungskräften stellt Ursula Wintgens das Unternehmen komplett neu auf. Auch das Leitbild wird überarbeitet. In Form eines Kickoffs wird das neue Maßnahmenpaket allen Mitarbeitern präsentiert

Ab April 2011   Die Umsetzung von UnternehmerEnergie trägt schnell Früchte. Seit dem ersten Monat geht es bergauf und der REWE-Markt Wintgens kann sich vor Kunden kaum retten

Seither wird jedes Jahr ein Umsatzplus und ein Kundenzuwachs verzeichnet. Der Wochenumsatz liegt heute bei 160.000 Euro

2015   Ursula Wintgens wird mit dem UnternehmerEnergie Award 2015 ausgezeichnet

2016   REWE Wintgens erhält den REWE Award und belegt unter anderem den 2. Platz bei der Auszeichnung „Supermarkt des Jahres"

URSULA WINTGENS –
UNTERNEHMERIN MIT HERZ

Der Wunsch nach einem selbstgeführten Supermarkt wurde Ursula Wintgens sozusagen in die Wiege gelegt. Schon ihre Eltern führten in Mariadorf bei Aachen einen REWE Nahkauf, in dem sie in ihrer Kindheit viel Zeit verbrachte. Nach der Ausbildung zur Fleischereifachverkäuferin, die sie als Innungsbeste, Kammersiegerin und landesweit Drittbeste abschloss, kam Ursula Wintgens zurück in den elterlichen Betrieb und übernahm die Verantwortung für die Obstabteilung. Ihre Eltern waren schon von klein auf ihre großen Vorbilder: Sie haben immer harmonisch zusammengearbeitet, sich Zeit für die Kinder genommen und Ursula Wintgens ein glückliches, zufriedenes Leben vorgelebt. Schon früh wusste sie, dass sie einmal einen eigenen Supermarkt haben und einen ähnlichen Weg wie ihre Eltern gehen würde.

Nach einer enttäuschten Liebe wurde es für die junge Frau Zeit für einen Tapetenwechsel: 1993 zog Ursula Wintgens von Aachen nach Köln. Dort begann sie, in einem 1.200 qm großen Supermarkt zu arbeiten und parallel dazu das REWE Führungsentwicklungsprogramm zu besuchen. Trotz anfänglicher Startschwierigkeiten in den kaufmännischen Bereichen absolvierte Ursula Wintgens das Programm mit Bravour und wechselte 1996 in die REWE-Zentrale, wo sie die nächsten Jahre im Außendienst tätig war. Ihren großen Traum von einem eigenen Lebensmittelmarkt erfüllte sich Ursula Wintgens 1999 mit der Eröffnung der Filiale in Bergisch Gladbach-Bensberg. Sie investierte viel Zeit und Leidenschaft, um aus dem als „nicht überlebensfähig" geltenden Standort einen florierenden Supermarkt zu machen, der heute zu den besten Deutschlands gehört.

Eine große Begabung von Ursula Wintgens liegt im Vermögen, Menschen für etwas zu begeistern. Neben ihren Mitarbeitern ist ihre Nichte dafür ein ausgezeichnetes Beispiel. 2012 machte sie die Ausbildung bei REWE Wintgens, ist mittlerweile im Führungsentwicklungsprogramm und übernimmt schon jetzt Verantwortung im Markt ihrer Tante. Ihr großer Traum ist es, dem Beispiel von

Ursula Wintgens zu folgen und einen eigenen REWE-Markt zu führen. Ob es der ihrer Tante sein wird, wird sich zeigen – da müsste sie sich auf jeden Fall noch etwas gedulden, denn an die Rente verschwendet die Unternehmerin noch keinen Gedanken.

Ursula Wintgens' tägliches Leben wird begleitet durch ihr Lebensmotto: „Geben gibt!" Wichtig ist Ursula Wintgens, andere Menschen – in erster Linie auch ihre Mitarbeiter – an ihrem Erfolg teilhaben zu lassen. Denn sie ist sich ihrer Verantwortung gegenüber den Mitarbeitern, deren Familien und vor allem auch deren Zukunft voll bewusst. Durch ihr großes soziales Engagement unterstützt Ursula Wintgens außerdem Menschen, denen es nicht so gut geht wie ihr selbst. Regelmäßig sammelt sie durch Aktionen in ihrem Supermarkt finanzielle und materielle Spenden für Kindergärten, Kinderheime, Flüchtlingsunterkünfte und viele weitere Einrichtungen. Außerdem unterstützt Ursula Wintgens jedes Jahr mit rund 15.000 bis 20.000 Euro soziale Projekte. Doch es geht ihr nicht darum, sich in der Öffentlichkeit zu profilieren. Wenn Ursula Wintgens von ihrem sozialen Engagement spricht, spürt man förmlich die Leidenschaft, die dahintersteckt. Und so ist es auch nicht weiter verwunderlich, wenn einer ihrer Wünsche für die Zukunft lautet: „Ich möchte auch weiterhin so gut verdienen, dass ich anderen etwas davon abgeben kann." Besonders stolz ist sie in diesem Zusammenhang auf ihre Mitarbeiter, die dieses Motto mittlerweile ebenso in ihrem Alltag verankert haben wie die Unternehmerin selbst. Sie unterstützen die sozialen Projekte vor allem dadurch, dass sie tatkräftig mit anpacken, wie zum Beispiel bei der Verteilung von Lebensmitteln in einem Flüchtlingsaufnahmelager.

FRAGEN AN URSULA WINTGENS

Frau Wintgens, was bedeutet Exzellenz für Sie?

Exzellenz bedeutet für mich, glücklich und zufrieden zu sein. Ich möchte meinen Mitarbeitern das Vertrauen und die Sicherheit geben, dass sie

Gesammelte Geldspenden für die Kindergärten in der Umgebung

auf mich zählen können – ob privat oder beruflich. Exzellenz ist der Anspruch an mich, mein Bestmögliches dafür zu geben, dass meine Mitarbeiter ein geregeltes Leben mit einem vernünftigen Auskommen haben.

Wie fördern Sie die sympathische Ausstrahlung Ihres Unternehmens?

Die Grundlage für ein sympathisches Unternehmen sind verliebte Mitarbeiter. Ein wichtiges Element für unseren guten Ruf sind die vielen kleinen Aktionen, die wir uns gemeinsam für unsere Kunden, aber auch für das Team ausdenken. Letztendlich fängt aber alles bei mir an. Ich bin dafür verantwortlich, dass meine Mitarbeiter glücklich sind. Gelingt mir dies, dann überträgt sich das auch auf die Kunden. Mittlerweile hat sich die Denkweise, den Kunden immer wieder etwas Neues zu bieten, fest in meinem Team verankert. Wir sind sogar so weit, dass die Mitarbeiter das selbst in die Hand nehmen. Ein kleines Beispiel möchte ich nennen: Da viele Aktionen an der Kasse stattfinden, hat sich unsere Service-Abteilung etwas einfallen lassen. Die Mitarbeiter der Käse- und Fleischtheke haben ihre Lieblingssprüche auf kleine Kärtchen drucken lassen, die sie den Kunden mit in die Tüte stecken. Wenn dann die Kunden zu Hause ihre Tüte auspacken, finden sie diesen kleinen Spruch und sind überrascht.

Ihre Teammitglieder kommen aus 10 verschiedenen Nationen.
Worauf achten Sie, wenn Sie neue Mitarbeiter einstellen?

In erster Linie darauf, dass es menschlich passt. Man hat ja beim ersten Gespräch schon so ein gewisses Gefühl, auf das ich sehr vertraue. Ist das erste Gespräch positiv verlaufen, vereinbaren wir einen Termin zum Probearbeiten. Danach entscheidet das gesamte Team, ob der Bewerber oder die Bewerberin zu uns passt. Bei uns gibt es auch eine Chance für Leute, die es sonst schwer hätten, zum Beispiel, weil sie keinen Schulabschluss haben oder schwer zu vermitteln sind. Das beste Beispiel dafür ist Özhan, der als Praktikant bei uns angefangen hat. Er ist ein relativ kleiner, schmächtiger Typ. Anfangs konnte er einem nicht in die Augen schauen und bekam schon rote Ohren, wenn man ihn nur ansprach. Wenn ich mir seine Entwicklung bis heute anschaue, weiß ich, dass ich alles richtig gemacht habe. Özhan hat seine Ausbildung bei uns gemacht, diese gut abgeschlossen und ist heute Abteilungs- verantwortlicher, weist neue Leute ein und macht einen tollen Job. Da bin ich dann auch ziemlich stolz drauf und weiß: Es war richtig, ihm eine Chance zu geben. Wenn wir allerdings sehen, dass jemand seine Chance nicht nutzt, sind wir konsequent und trennen uns von diesem Mitarbeiter. Denn so jemand kann das ganze Team runterziehen.

Was ist Ihnen bei der Zusammenarbeit besonders wichtig?

Dass wir Spaß bei der Arbeit haben. Natürlich muss bei uns auch einiges geleistet werden – der Spaß darf aber auch dann nicht zu kurz kommen, wenn es mal stressig ist. Gerade wenn ich zum Beispiel an Weihnachten denke, als im letzten Jahr die Schlange an der Kasse einmal quer durch den Laden ging. Dann ist es wichtig, nicht nur die Kunden, sondern auch sich selbst bei Laune zu halten. Da wird zum Beispiel Glühwein ausgeschenkt oder es werden Süßigkeiten verteilt, kleine Späße mit den Kunden gemacht und jeder – auch die Kunden, die außergewöhn- lich lange warten mussten – war freundlich und hatte gute Laune.

REWE WINTGENS – VON VERLIEBTEN MITARBEITERN ZU VERLIEBTEN KUNDEN

Seit 2012 begleitet das Führungssystem UnternehmerEnergie Ursula Wintgens in ihrem Alltag. Nach einer persönlichen Krise, die sich sehr negativ auf das Unternehmen auswirkte, holte sie sich im Seminar neue Inspirationen. Ein großes Problem des Standortes liegt darin, dass die Verkaufsfläche nicht vergrößert werden kann und dadurch im Vergleich zu anderen Supermärkten nur eine eingeschränkte Produktpalette angeboten werden kann. Um ihr Unternehmen wieder auf Erfolgskurs zu bringen, galt es also, andere Wege zu gehen. „Die Augen geöffnet hat mir Cay von Fournier mit dem Satz: Wenn man an den äußeren Gegebenheiten nichts ändern kann, dann muss man sein Unternehmen zu etwas Besonderem und Einzigartigem machen", erzählt Ursula Wintgens. Und damit begann sie direkt nach dem Seminar. So wurden zum Beispiel die typischen weißen Supermarkt-Kittel gegen moderne Poloshirts mit aufgedrucktem Unternehmenslogo eingetauscht, die Werbung an den Wänden wurde durch von Kindern bemalte Leinwände ersetzt und durch viele kleine Aufmerksamkeiten für die Kunden entwickelte sich der REWE-Markt Wintgens von einem einfachen Supermarkt zu einer beständigen Marke, die sich langsam in die Herzen der Kunden schlich.

KUNDENZUFRIEDENHEIT DURCH GELEBTES IDEENMANAGEMENT

Dass dieser Supermarkt etwas anders ist als andere, merkt man schnell. Grund dafür sind die selbst ernannten „Sahnehäubchen": Jeder Mitarbeiter grüßt freundlich und wenn man den Anschein macht als suche man einen Artikel, wird man direkt an das Regal geführt. Führt der Supermarkt den Artikel nicht, wird er sofort notiert und gemeinsam mit der Telefonnummer des Kunden in das Ablagefach „Kundenwünsche" gelegt. Der Mitarbeiter informiert sich dann über den Artikel und gibt dem Kunden telefonisch Bescheid, ob, und wenn ja,

Plakatwand gegen Pegida

wann, der Artikel verfügbar sein wird. Auch ein anderes Beispiel verdeutlicht die außergewöhnliche Kundenorientierung von REWE Wintgens: Betritt ein Kunde den Laden mit Leergut, wird ihm sofort erklärt, wo die Leergutannahme ist oder sogar angeboten, das Leergut für ihn wegzubringen. Diese positive Andersartigkeit ist so beeindruckend, dass ich am Ende meines Besuchs zu Frau Wintgens sagte: „Ich bin etwas neidisch – so einen Supermarkt hätte ich bei mir zu Hause auch gerne!" Der Kunde fühlt zu jedem Zeitpunkt, dass sich Ursula Wintgens und ihr Team von der ersten bis zur letzten Sekunde seines Aufenthaltes im Laden Gedanken gemacht haben. So begrüßen ihn auf dem Parkplatz unterschiedliche Zitate, die ihn zum Lächeln bringen. Betritt der Kunde den Markt, stößt er direkt im Eingangsbereich je nach Jahreszeit und Tag auf kostenloses „Zauberwasser", eine Spendenaktion oder das äußerst beliebte „Multi-Kulti-Kochen". Letzteres entstand durch die kulturelle Vielfalt des REWE Wintgens Teams und findet jedes Jahr zwischen dem Ende der Sommerferien und Anfang November statt. Jeden Samstag kocht ein Mitarbeiter ein typisches Gericht aus seinem Heimatland und stellt es den Kunden vor – natürlich inklusive Verkostung. Schlendert der Kunde weiter durch den Laden, stößt er immer wieder auf ausgefallene Warenpräsentationen. So sind gelegentlich die Eier mit Gesichtern bemalt, auf den Bananen stehen Sprüche wie „Lass mich nicht alleine" und bei den Lieblingsprodukten der Mitarbeiter ist ein entsprechender Vermerk, wie zum Beispiel: „Das ist das Lieblingsprodukt von Ursula Wintgens." Ist der

Erfolge werden immer gemeinsam gefeiert, wie hier beim Preis "Generationsfreundlich Einkaufen" und "Ausbilder des Jahres"

Kunde an der Kasse angekommen, so erwartet ihn auch dort gelegentlich eine Überraschung. Muss er sich beispielsweise räuspern oder husten, erhält er direkt ein Bonbon zur Erkältungsvorbeugung, muss er niesen, reicht man ihm ein Taschentuch, oder ist es ein besonderer Tag, wie zum Beispiel der Tag des Apfels, bekommt er ganz nach dem Motto "an apple a day keeps the doctor away" einen Apfel mit auf den Heimweg.

Doch wer entwickelt diese Ideen? "Das hat sich mittlerweile verselbstständigt. Das gesamte Team gibt alles, um den Kunden immer wieder etwas Neues bieten zu können. Der größte Antrieb dabei sind die fröhlichen Gesichter unserer Kunden", erklärt Ursula Wintgens. Damit die Ideen der Mitarbeiter nicht verloren gehen, werden sie in einem eigenen Ordner gesammelt und regelmäßig besprochen. Dieses Beispiel zeigt, dass zur Umsetzung von UnternehmerEnergie nicht gezwungenermaßen die Vorlagen genutzt werden müssen. Vielmehr geht es darum, den Sinn hinter den einzelnen Werkzeugen zu verstehen und sie für das eigene Unternehmen zu modifizieren. Dass die Kundenorientierung von REWE Wintgens Früchte trägt, zeigt sich nicht nur an den stetig wachsenden Kundenzahlen und Umsätzen. REWE Wintgens ist eine Familie, zu der auch die Kunden gehören. Denn über 1.400 Mitglieder in der unternehmenseigenen Facebook-Gruppe mit fast täglichen Posts von Mitarbeitern und Kunden sprechen für sich.

VERLIEBTE MITARBEITER ALS BASIS FÜR DEN UNTERNEHMENSERFOLG

Ohne die Mitarbeiter wäre REWE Wintgens nicht der Supermarkt, der er ist. Während des UnternehmerEnergie-Seminars erkannte Ursula Wintgens, dass begeisterte Kunden nicht von selbst kommen, sondern dass sie bei sich und ihren Mitarbeitern ansetzen muss. Seither hat es sich die Kauffrau zur Hauptaufgabe gemacht, dass ihre Mitarbeiter sich immer wieder erneut in das Unternehmen verlieben. Dabei richtet sie sich auch an die Familien ihrer Mitarbeiter. So erhalten zum Beispiel deren Kinder zum Geburtstag eine persönliche Geburtstagskarte und einen 5 Euro Gutschein. Außerdem gibt es für die Mitarbeiter neben einem kleinen Geburtstagsgeschenk auch diverse Aufmerksamkeiten während des restlichen Jahres. So steht zum Beispiel vor dem Urlaub die Sonnencreme mit einer persönlichen Notiz von Ursula Wintgens für den Mitarbeiter bereit oder sie spendiert den Eishockeyfans unter ihren Mitarbeitern Karten für die Kölner Haie.

Neben diesen materiellen Dingen schätzt das REWE Wintgens Team den großen Zusammenhalt im Unternehmen. So setzten die Mitarbeiter, die aus insgesamt 10 Nationen kommen, mit ihrem Unternehmensmotto „Hand in Hand, egal aus welchem Land" ein Statement, als Pegida im Zuge der Flüchtlingskrise immer populärer wurde. Mit einem entsprechenden Bild lies Ursula Wintgens eine Plakatwand mitten im Ort gestalten, um voranzugehen und sich klar gegen Pegida zu positionieren. Außerdem haben die Mitarbeiter ein hohes Maß an Freiheiten. Ursula Wintgens hat mit der Zeit gelernt, Verantwortung abzugeben und dank UnternehmerEnergie erkannt, dass auch sie das Recht auf Freizeit hat. Während sie früher täglich von früh bis spät im Markt war, genießt sie es heute, sich auch um andere Dinge, wie zum Beispiel ihr soziales Engagement, zu kümmern. Sie weiß, dass sie sich jederzeit auf ihre Mitarbeiter verlassen kann und der Laden auch ohne sie läuft.

Jeder im Unternehmen hat ein umfassendes Mitspracherecht und kann sich an internen Workshops, wie zum Beispiel der Jahreszielplanung, aktiv durch eigene Ideen und Beiträge beteiligen. Für den Erfolg ihres Unternehmens hat Ursula Wintgens schon zahlreiche Auszeichnungen und Preise erhalten. Doch all diese zählen für sie nicht, wenn sie nicht im gesamten Team gefeiert werden. Für ihre außergewöhnliche Art, Mitarbeiterorientierung, Kundenbegeisterung und soziales Engagement mit den Werkzeugen von UnternehmerEnergie zu verbinden, wurde Ursula Wintgens 2015 mit dem UnternehmerEnergie Award ausgezeichnet. Und so ist es auch nicht verwunderlich, was sich Ursula Wintgens für die nächsten 18 Jahre ihres Unternehmens wünscht: ihr Herzensprojekt der verliebten Mitarbeiter und Kunden fortzuführen, gemeinsam noch viel Gutes tun und weiterhin zahlreiche soziale Projekte unterstützen.

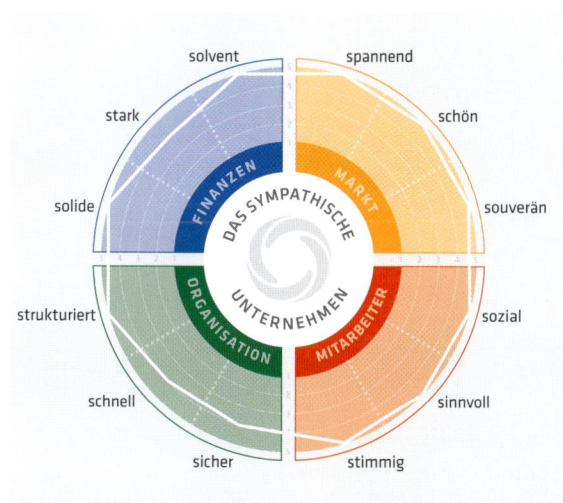

MEIN FAZIT

Starke Menschen machen Unternehmen stark, bilden ein starkes Team und sind Wegweiser für andere. Ursula Wintgens ist eine solche starke Persönlichkeit. Als ich sie in ihrem Unternehmen besuchte, half sie gerade einem Kunden dabei, seine Pfandflaschen zu entsorgen. Sie lebt Kundenorientierung zu 100 % und ist jederzeit für ihr Team da. Dabei zeigt sie, wie aus einem einfachen Einzelhandel ein ganz besonderer Ort des Ankommens und Wohlfühlens werden kann. Das ist Sympathie pur und zeichnet einen echten „Hidden Champion des Mittelstands" aus. Ich erinnere mich noch genau an das Seminar, in dem Ursula Wintgens UnternehmerEnergie kennengelernt hat. Direkt danach machte sie sich mit ihrem Team an die Umsetzung und bewirkte einen sagenhaften Wandel in ihrem Umfeld. Daher bekam sie auch ganz zu Recht unseren UnternehmerEnergie Award 2015. Eine beeindruckende Unternehmerin, die bei der Verleihung des Awards alle anwesenden Unternehmer aus vielen verschiedenen Branchen beeindruckt hat.

Mitarbeiter
160, davon ein Auszubildender
und zwei duale Studenten

Kunden
B2B: alle Sparkassen, die
Deutsche Bank,
Commerzbank, Postbank und
Deutsche Ärzte- und
Apotheker-Bank sowie
Genossenschaftsbanken und
Privatbanken

Anzahl der Standorte
2

Umsatz
25,7 Mio. Euro (2016)

Struktur
Star Finanz-Software
Entwicklung und Vertriebs
GmbH ist eine 100%ige
Tochter der Finanz
Informatik, Mitglied der
Sparkassen-Finanzgruppe
und zu einem Drittel beteiligt
an der Firma giropay

Adresse
Grüner Deich 15,
20097 Hamburg

Internet
www.starfinanz.de

In exzellenter Anwendung

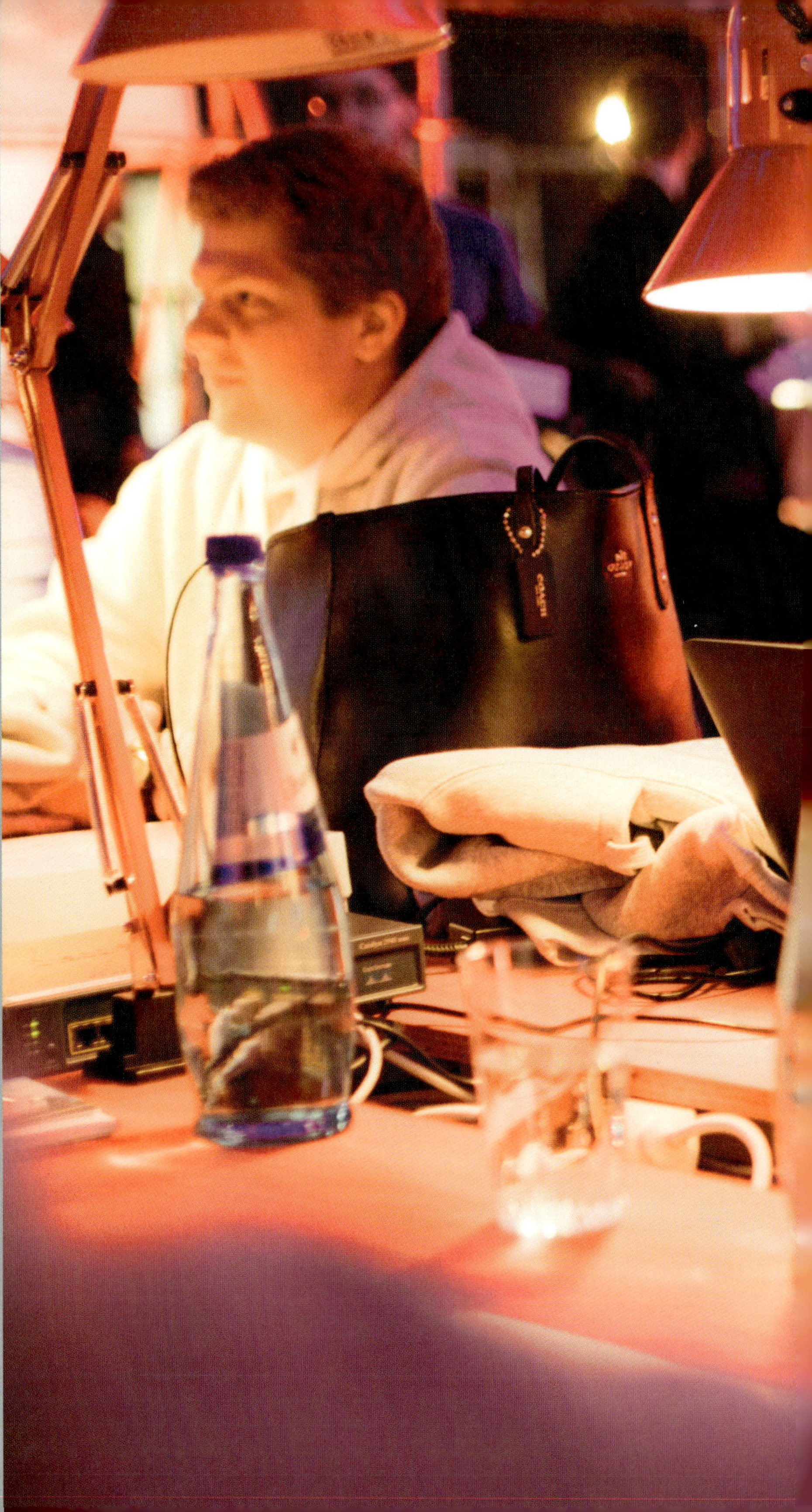

Die Innovations-schmiede der Sparkassen-Finanzgruppe

BERND WITTKAMP, JOCHEN BALAS,
DR. CHRISTIAN KASTNER

STAR FINANZ-SOFTWARE ENTWICKLUNG
UND VERTRIEBS GMBH

Der helle, moderne Unternehmenssitz von Star Finanz

star**finanz**

Die Star Finanz-Software Entwicklung und Vertriebs GmbH mit Sitz in Hamburg und einer Zweigniederlassung in Hannover wurde 1997 gegründet und ist seit dem 1. August 2010 eine 100%ige Tochter der Finanz Informatik GmbH & Co. KG, Frankfurt am Main, dem IT-Dienstleister der Sparkassen-Finanzgruppe.

Die Star Finanz ist führender Anbieter von multibankenfähigen Online- und Mobile-Banking-Lösungen. Das Unternehmen ist innovativer Partner der Sparkassen-Finanzgruppe und Anbieter von Banking-Lösungen für Privat- und Firmenkunden: StarMoney, StarMoney Deluxe und StarMoney Business sowie SFirm. Die Star Finanz entwickelt unter anderem die Sparkassen Apps und das pushTAN-Verfahren sowie weitere innovative Lösungen für den mobilen Bereich. Auf Basis dieses Produktportfolios bietet die Star Finanz den Kunden individuelle Lösungen für den Online-Zahlungsverkehr und Web-Anwendungen an.

Mit dem Aufbau des S-Hub als zentralen „Andockpunkt" der Sparkassen-Finanzgruppe für FinTechs etabliert sich das Unternehmen zudem als Treiber von innovativen Entwicklungen. Darüber hinaus verantwortet die Star Finanz die kontinuierliche Weiterentwicklung und den technischen Betrieb des Online-bezahlverfahrens giropay.

HISTORIE

1997   Gründung der Star Finanz GmbH durch Marco Börries, dem Entwickler von Star Office – einem ernstzunehmenden Konkurrenzprodukt zu Microsoft Office –, mit dem Ziel, Kunden die Möglichkeit zu geben, alle Bankgeschäfte über eine Software abzuwickeln. Und somit Launch von StarMoney 1.0. Neben dem Gründer Börries hält 25 % der Unternehmensanteile die dvg mbH und weitere 25 % die IZB Soft GmbH & Co. KG

2000   100 % Übernahme des Unternehmens durch die dvg mbH und IZB Soft GmbH & Co. KG

2001   Launch der ersten Finanzsoftware für Firmenkunden: StarMoney Business 1.0

2005   Diverse Kooperationen im Zusammenhang mit StarMoney mit deutschen Finanzinstituten, u. a. Commerzbank Edition und Deutsche Bank Edition. Launch einer WAP-Banking-Lösung, ein erster Ansatz für das Mobile-Banking

2006   giropay wird etabliert und das Unternehmen steigt damit in das Thema E-Commerce ein

2009   Die ersten Banking-Apps werden entwickelt. Heute sind die Apps der Sparkasse die erfolgreichsten Finanz-Apps Deutschlands

2011   Star Finanz GmbH und SFirm GmbH fusionieren. Der Anteil der Firmenkunden wird dadurch um rund 200.000 Nutzer gesteigert und Star Finanz wird zum Marktführer in diesem Bereich

2012   Start erster Projekte mit agiler Softwareentwicklung

2013   Launch der Finanzsoftware StarMoney für Mac

2016   Die neue Privatkunden-App „Yomo" wird für die Sparkassen entwickelt. „Yomo" ist ein Konto, das ausschließlich über eine App bedient wird. Erstmals setzt die Star Finanz innerhalb eines Gemeinschaftsprojekts mit den Sparkassen im gesamten Produktentwicklungsprozess auf agile Entwicklungsmethoden und bindet dabei die Sparkassen und weitere Partner ein. Der Bereich S-Hub wird aufgebaut, um das Thema Innovation verstärkt zu bedienen

2017   Star Finanz strebt ein Wachstum von ca. 20 % an und vergrößert das Team auf insgesamt 175 Mitarbeiter

Das Geschäftsführer-Team der Star Finanz:
Dr. Christian Kastner, Bernd Wittkamp und Jochen Balas (v.l.n.r.)

20 JAHRE STAR FINANZ:
DIE INNOVATIONSSCHMIEDE DER
SPARKASSEN-FINANZGRUPPE

Wenn es um den elektronischen Zahlungsverkehr sowie Web- und App-Entwicklung geht, ist ein Unternehmen in Deutschland seit 20 Jahren ganz vorne dabei: die Firma Star Finanz! Seit 1997 prägt sie mit ihren derzeit 160 Mitarbeitern das Online-Banking entscheidend mit. Der Dienstleister mit Standorten in Hamburg und Hannover setzte von Anfang an voll auf digitale Innovationen und ist heute dank einer kontinuierlichen Unternehmensentwicklung führender Anbieter im multibankfähigen Online- und Mobile-Banking für Firmen- und Privatkunden. Die Produktlinien StarMoney, StarMoney Deluxe und StarMoney Business sind seit vielen Jahren die meistverkaufte Finanzverwaltungs-Software in Deutschland.

EIN FÜHRUNGSTRIO FÜR DEN ANHALTENDEN UNTERNEHMENSERFOLG

Die drei Geschäftsführer Bernd Wittkamp, Dr. Christian Kastner und Jochen Balas bilden das Führungstrio der Star Finanz. Sie sind in einem sich laufend verändernden Geschäftsumfeld dafür verantwortlich, dass das Unternehmen auch nach 20 Jahren stets Kurs hält und mit seinen innovativen Entwicklungen den Erfolg über viele Jahre immer weiter ausbauen kann.

Bernd Wittkamp, Vorsitzender der Geschäftsführung, kümmert sich bei Star Finanz insbesondere um das Innovationsthema S-Hub und den Personalbereich. Wittkamp ist Vordenker und Freigeist und treibt mit seinem Führungsstil die Unternehmensstrategie entscheidend voran. Seine Stärke: Menschliche Belange dabei immer im Auge zu behalten. Wittkamp ist überzeugt, dass Unternehmen stets in Bewegung bleiben müssen, denn „wer sich bewegt, der bleibt". Der S-Hub ist ein neuer Geschäftsbereich innerhalb des Unternehmens und bildet den zentralen „Andockpunkt" für FinTechs der Sparkassen-Finanzgruppe. Wittkamp ist der Dienstälteste im Führungsgespann und bereits seit Januar 2001 Geschäftsführer der Star Finanz. Er verantwortete bereits unterschiedlichste Bereiche des Unternehmens bis hin zur Alleinverantwortlichkeit innerhalb der Geschäftsführung. Vor seinem Wechsel zur Star Finanz war Wittkamp bei SK Online, der Gesellschaft für Telekommunikationsdienste in Köln. Als Abteilungsleiter betreute der diplomierte Kaufmann dort zwei Jahre lang die Bereiche Vertrieb, Marketing und Finanzen.

Seit 2011 ist **Dr. Christian Kastner** Mitglied der Geschäftsführung und verantwortet den Bereich Markt und Finanzen. Seinen Führungsstil richtet er bewusst nach dem Motto: „Geht nicht gibt's nicht" aus und nicht zuletzt deshalb packt auch er Aufgaben mit diversen Hürden an und bringt sie erfolgreich zu Ende. Vor seinem Eintritt in die Star Finanz war Dr. Kastner als Leiter Beteiligungsmanagement der Finanz Informatik und Geschäftsführer der SFirm tätig. 2011 begleitete der promovierte Statistiker die Fusion des Unternehmens mit der Star Finanz und gab schließlich seine Stelle beim Mutterunternehmen auf, um vollständig in die Geschäftsführung der Star Finanz zu wechseln. Dr. Christian Kastner weiß, dass Veränderungen Menschen oftmals viel abverlangen, gleichzeitig aber auch, wie viel Veränderungsprozesse bewirken können. Seine sympathische und menschenbezogene Unternehmensführung fußt nicht zuletzt auf den Satz Adolf Kolpings: „Wer Menschen gewinnen will, muss sein Herz zum Pfande einsetzen."

Seit Anfang 2017 komplettiert **Jochen Balas** die Geschäftsführung der Star Finanz. Sein Feld sind die technischen Themen, die Produktentwicklung sowie der Betrieb. Balas ist eine umsetzungsstarke Führungsperson. „Im Zweifelsfall – tue es", ist seine erklärte Haltung, mit der er Entscheidungen vorantreibt. Balas ist ein erfahrener Branchen- und Unternehmenskenner mit hervorragenden IT-, Banken- und dezidierten Technikkenntnissen. Zuletzt war er bei Risk.Ident, einem Anbieter im Bereich Betrugsprävention, als Leiter Produktmanagement und Organisation tätig. Zuvor leitete er von 2014 bis Anfang

2016 innerhalb der Star Finanz die Entwicklung der mobilen Themen. Jochen Balas ist diplomierter Wirtschaftsinformatiker sowie ausgebildeter Informatikkaufmann.

INTERVIEW MIT DER GESCHÄFTSFÜHRUNG: „UNSERE MITARBEITER SIND DAS A UND O"

Herr Wittkamp, wie entsteht Ihrer Meinung nach ein sympathisches Unternehmen und welche Eigenschaft hat den größten Einfluss auf die Sympathiewahrnehmung Ihres Unternehmens aus Sicht Ihrer Kunden?

Wittkamp: „Sympathie entsteht, wenn das Unternehmen ein Gesicht hat. Gerade bei uns in der Finanz- und Dienstleistungsbranche sind die Mitarbeiter die Gesichter des Unternehmens und so sympathisch, wie jeder einzelne Mitarbeiter auftritt, wird das Unternehmen letztendlich wahrgenommen. Bei uns ist es zum Beispiel gang und gäbe, dass wir in einer reinen „Du"-Kultur leben – und das nicht erst, seit dies die letzten zwei oder drei Jahre zunehmend um sich greift. Das war bei Star Finanz schon immer so und ist auch nicht aufgesetzt. Für uns ist das bewusst gewollte Herzlichkeit. Wir wissen, dass unsere Mitarbeiter das A und O sind – deshalb heißen auch unsere Mitarbeiter nicht „Mitarbeiter", sondern „Stars". Wie wir uns intern begegnen, wirkt sich direkt auf deren Auftreten gegenüber Kunden aus und beeinflusst so die Sympathiewahrnehmung. Sicherlich spielt auch unsere Kompetenz eine große Rolle und die Art und Weise, auf die wir versuchen, die Wünsche und Probleme unserer Kunden zu erfüllen und zu lösen."

Herr Dr. Kastner, was bedeutet Exzellenz für Sie?

Dr. Kastner: „Exzellenz bedeutet, die Dinge bestmöglich zu machen. Da komme ich sehr stark von der sportlichen Expertise: Ich bin exzellent, wenn ich auf dem Treppchen stehe und am exzellentesten bin ich, wenn ich ganz oben stehe. Der Anspruch, immer auch der Beste sein zu wollen, begleitet uns bei der Star Finanz. Wir geben uns nicht damit zufrieden, nur irgendeine Software zu machen – wir wollen es den Menschen ermöglichen, ihre Finanzen im Griff zu behalten und nicht nur Geld von A nach B zu überweisen. Der Anspruch ist ganz klar, mehr als eine Überweisung anzubieten und dem Nutzer zu ermöglichen, alle Finanzgeschäfte mit StarMoney, SFirm oder einer unserer anderen Lösungen, zum Beispiel aus dem mobilen Bereich, abzuwickeln."

Wie fördern Sie Exzellenz in Ihrem Unternehmen, Herr Balas?

Balas: „Durch Innovationen. Innovationen heißt dabei nicht nur, neue Produktideen zu entwickeln, sondern dass den Mitarbeitern die Möglichkeit gegeben wird, ihr Know-how und ihre Fähigkeiten einbringen und das Unternehmen mitgestalten zu können. Aber natürlich auch durch Maßnahmen wie Aus- und Fortbildung, das Einführen von neuen Produktionsmethoden wie zum Beispiel das agile Vorgehen und die Weiterentwicklung des Unternehmens durch UnternehmerEnergie."

Durch Exzellenz und Sympathie in welchem Bereich ist Ihr Unternehmen einzigartig?

Dr. Kastner: „Nach innen gerichtet ist es die Art, wie wir miteinander umgehen. Definitiv ist es auch die extrem lange Erfahrung, die Mitarbeiter in ihrem Bereich mitbringen. Wir haben viele Mitarbeiter, die seit Firmengründung dabei sind. Zudem haben wir auch viele neue Mitarbeiter, denn wir haben ja ein starkes Wachstum hingelegt, aber es gibt trotz allem einen Kern an Mitarbeitern, die von Anfang an dabei sind und eine extrem hohe Expertise vereinen. Das unterscheidet uns ganz klar von den FinTech-Unternehmen – das sind Start-ups im Finanzbereich –, die wenig bis keine Erfahrung von Geschäfts- und Zahlungsprozessen in Firmen haben. Im Privatkundenbereich tun sie sich ein wenig leichter, da jeder seine Erfahrung im Umgang mit Finanzen hat und man darüber diskutieren kann, wie man diese Finanzprozesse nutzerfreundlicher gestaltet. Grundsätzlich können wir aber stolz darauf sein, dass kein anderer Wettbewerber so nah an den Banken dran ist wie die Star Finanz und die Thematik in dieser Breite bedient."

DER STAR-FINANZ-WEG: BODENSTÄNDIGKEIT TRIFFT START-UP

Gerade in den heutigen Zeiten verlockender Null-Prozent-Finanzierungen verlieren vor allem junge Menschen immer häufiger den Überblick über ihre finanzielle Situation. Deshalb bietet Star Finanz seinen Kunden mehr als nur die Möglichkeit, alle Bankgeschäfte in einer Software zu tätigen. Das übergeordnete Ziel ist es, den Menschen dabei zu helfen, ihre Finanzen im Griff zu behalten. Dabei hilft eine intuitive Bedienung aller Finanzanwendungen, der multibankfähige Aufbau sowie die Möglichkeit, dank der Vernetzung der computerbasierten Software mit Apps für alle gängigen Smartphones und Tablets, sich jederzeit über den aktuellen Finanzstatus zu informieren. Das Unternehmen setzt auf eine Symbiose aus Sicherheit und Innovation.

SICHERHEIT UND INNOVATION ALS MANAGEMENT-HERAUSFORDERUNG

Star Finanz zeichnet sich durch einen sehr gemischten Unternehmenscharakter aus: Auf der einen Seite ist es das bodenständige Unternehmen mit langjähriger Erfahrung, das für Sicherheit steht – auf der anderen Seite ist es durchzogen von einem Start-up-Gefühl, getrieben von Innovation. Die richtige

Bei Star Finanz kommen auch agile Entwicklungsmethoden zum Einsatz

Mischung dieser beiden Gegensätze zu finden, ist die größte Management-Herausforderung im Alltag. Durch Mindeststandards für Sicherheit sowohl im Finanz- als auch im IT-Bereich, hochgradig standardisierte Prozessabläufe und fest definierte Qualitäts- und Sicherheitsstufen, gepaart mit einem kontinuierlichen Verbesserungsprozess, sichert Star Finanz den Grundrahmen der täglichen Arbeit. Dabei gilt es aber auch, die Freude an der Arbeit und die Innovationskraft der Mitarbeiter nicht einzuschränken.

Wichtig hierfür ist die richtige Mischung der „Stars", wie die Mitarbeiter im Unternehmen genannt werden, bis hin zur Geschäftsführung. Die Star Finanz setzt dabei auch auf das Analyse-Instrument HBDI (Herrmann Brain Dominance Instrument), das die Möglichkeit eröffnet, die Denkstilpräferenzen von Menschen zu erkennen. Dieses ist auch Teil des Führungssystems UnternehmerEnergie.

Um sich auf dem heute sehr hart umkämpften IT-Markt behaupten zu können, wo sich vor allem auch unzählige Start-ups tummeln, ist Star Finanz auf die Innovationskraft der „Stars" angewiesen. Derzeit arbeitet das Unternehmen zum Beispiel an „Yomo ", einem Bankkonto, das ausschließlich über eine App bedient wird. Erstmals wurden innerhalb eines Projekts für die Sparkassen, von der Ideenfindung über die Konzeption bis zur Entwicklung eines neuen Produkts, sogenannte agile Entwicklungsmethoden wie Scrum eingesetzt. Auch „Kwitt", Bestandteil der Sparkassen-App, stammt aus dem Hause Star Finanz. Diese Funktion ermöglicht das Tätigen einer Handy-zu-Handy-Überweisung innerhalb von Sekunden ohne die Notwendigkeit von IBAN oder BIC. Einzig und allein die Handynummer reicht als Information. Um auch potenzielle Mitbewerber – die sogenannten FinTechs – im Blick zu behalten, wurde 2016 der Bereich S-Hub aufgebaut. Dort werden kreative Lösungen gefiltert, bewertet und gegebenenfalls gemeinsam mit FinTechs und Sparkassen designed.

Mitarbeiterorientierung als Erfolgsfaktor

MITARBEITER ALS ERFOLGSFAKTOR

Die große Konkurrenz auf dem IT-Markt betrifft nicht nur Aufträge und Innovationen, sondern vor allem auch den Mitarbeitermarkt. Bis einschließlich 2015 wurde der Großteil der Stellen bei Star Finanz über Mitarbeiterempfehlungen besetzt. Dies war nur möglich, weil im Unternehmen eine außergewöhnliche Mitarbeiterorientierung gelebt wird. So gehören zum Beispiel eine betriebliche Altersvorsorge, die Möglichkeit, den Hund mit an den Arbeitsplatz zu nehmen, eine individuelle Elternzeitregelung, regelmäßige Teamevents sowie zahlreiche Weiterbildungsmaßnahmen zum Standardpaket, das die „Stars" von Star Finanz geboten bekommen. Denn die „Stars" sind der Kern des Unternehmens und beeinflussen direkt seinen Erfolg. Auch deshalb wird bei der Star Finanz Transparenz gelebt. Im Rahmen von quartalsweise stattfindenden Mitarbeiterversammlungen, an denen alle „Stars" freiwillig teilnehmen können,

wird über aktuelle Produktentwicklungen, Strategien und Finanzen informiert. Außerdem hat dort jeder die Möglichkeit, sich mit eigenen Themen einzubringen.

KONTINUIERLICHE UNTERNEHMENSENTWICKLUNG MIT DEN TOOLS VON UNTERNEHMERENERGIE

Um sich den Herausforderungen der heutigen Arbeitswelt anzupassen, ist die kontinuierliche Weiterentwicklung des Unternehmens notwendig. Doch eines stellten die Geschäftsführer und Führungskräfte im Januar 2014 fest: Die „Stars" müssen wissen, wohin die Reise geht. In diesem Zusammenhang brachte Dr. Christian Kastner das Seminar UnternehmerEnergie ins Spiel, das er kurz zuvor besucht hatte. Daraufhin besuchte er nochmals mit Bernd Wittkamp das

Seminar, um einen gemeinsamen Einstieg in die Thematik zu finden. Im Mai 2014 folgte ein internes Seminar für alle Abteilungsleiter und vier zuvor ausgewählte „Stars". Direkt danach startete die Umsetzung des Führungssystems in Form einer Leitbildentwicklung, an der die geschulte Gruppe beteiligt war und durch Cay von Fournier begleitet wurde. Im Anschluss stand das Team vor einer großen Frage: Wie bringen wir alle „Stars" dazu, sich mit den definierten Werten Sicherheit, Innovation, Mensch und Qualität zu identifizieren? Die Antwort fanden sie in Form eines besonderen Events. Auf dem Sommerfest wurde das Leitbild vorgestellt und jeder „Star" einem Werte-Team zugeteilt. Diese Teams bauten jeweils eine Seifenkiste und gestalteten sie dem Wert entsprechend. Gekrönt wurde diese Aktion natürlich mit einem Rennen. So kamen die „Stars" spielerisch mit dem Leitbild in Verbindung. In einer weiteren Aktion wurden die Seifenkisten an Kindergärten und gemeinnützige Organisationen verschenkt. Zusätzlich wurde 2015 jeden Monat ein Wert aus dem Verhaltensleitbild mit besonderen Aktionen verbunden. So gab es zum Beispiel in Verbindung mit dem Wert „Offenheit" die Möglichkeit, über einen Livestream alle Fragen an die Geschäftsführer zu stellen, die die „Stars" schon immer stellen wollten. Ähnlich dieser Aktion lag 2016 jedes Quartal der Fokus auf einem Wert des Unternehmensleitbilds.

Die Seifenkisten wurden nach dem Sommerfest an
Kindergärten und gemeinnützige Organisationen verschenkt

Mittlerweile sind auch weitere Werkzeuge von UnternehmerEnergie fest im Alltag der Star Finanz verankert. Darunter zum Beispiel die Periodenzielplanung, die Jahreszielplanung, die Unternehmensanalyse, das Berichtswesen und die Mitarbeiterbefragung. Einige kamen neu hinzu, andere wurden schon vorher genutzt, aber durch die Ansätze von UnternehmerEnergie etwas modifiziert. Eines ist auf jeden Fall sicher: Star Finanz hat noch viel vor. Besonders die Themen Digitalisierung und Disruption bewegen das sympathische Unternehmen und so wird auch in Zukunft viel Wert auf eine wegweisende Entwicklung gelegt werden.

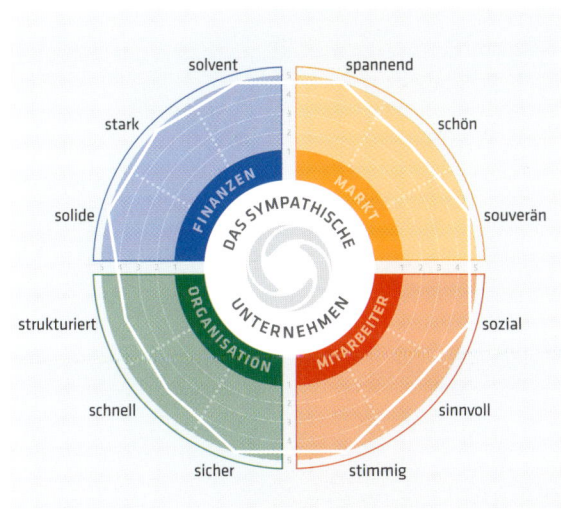

MEIN FAZIT

Die Firma Star Finanz ist eine innovative Firma mit einem sehr gut ausgebildeten und kompetenten Team, das zur Spitze der IT-Branche zählt. Dennoch haben alle Führungskräfte einen ganzheitlichen Fokus auf die Kombination von Technik und Mensch. Diese Kombination ist es, die dieses Hightech-Unternehmen so sympathisch macht. Dass Millionen von Menschen sich täglich auf die Zuverlässigkeit der Software – gerade im Zahlungsverkehr – verlassen können, ist für mich nicht nur ein ausgesprochen hoher Qualitätsanspruch, sondern eine außergewöhnliche Leistung. Während der verschiedenen Workshops mit diesem offenen und kompetenten Team fiel mir auf, wie gut die unterschiedlichen Stärken der einzelnen Team-Mitglieder wahrgenommen und wertgeschätzt wurden. Dies ist ein besonders wichtiger Faktor für den Erfolg von Star Finanz. Die Stärke des Unternehmens resultiert aus der Einbettung in die Organisation der Sparkassen, die die nötige Dynamik hat, um zwischen stabilen Prozessen und innovativen Projekten pendeln zu können. Ein sympathisches Unternehmen, das durch sein Team und seine Geschäftsführer ein rasantes Wachstum meistert.

Mitarbeiter
ca. 280, davon
30 Auszubildende

Anzahl der Standorte
11

Umsatz
ca. 60 Mio. Euro in der
Firmengruppe

Struktur
Zur Firmengruppe
Stegmaier gehören 14
Unternehmen rund um die
Mobilität

Adresse
An der Autobahn 2–8,
Gewerbepark A6,
74592 Kirchberg

Internet
www.lkw-stegmaier.de

Unternehmer*Energie*®
In exzellenter Anwendung

Eine traditionelle Erfolgsgeschichte

HERMANN STEGMAIER III. UND FRANK NEUMANN

STEGMAIER NUTZFAHRZEUGE GMBH

189

Luftbild der Stegmaier Nutzfahrzeuge GmbH in Kirchberg an der Jagst

Der Name Stegmaier steht für eine 90-jährige Tradition, die heute bereits in der dritten und vierten Generation fortgeführt wird. Die Stegmaier Group hat ihren Ursprung in einer freien Kfz-Werkstatt, die 1927 von Hermann Stegmaier I. gegründet wurde. Heute umfasst die mittelständische, familiengeführte Unternehmensgruppe 14 Unternehmen rund um das Thema Mobilität. Dazu gehört auch die Stegmaier Nutzfahrzeuge GmbH unter der Geschäftsleitung von Hermann Stegmaier III. und Frank Neumann. Das Unternehmen bietet umfassende Leistungen im Nutzfahrzeuge-Bereich. Hierzu gehören Werkstatt, Vermietung und Teilehandel sowie ein Trucker-Hotel und LKW-Stellplätze. Die Philosophie, die alle Unternehmen der Stegmaier Group verbindet und hinter dem umfassenden Angebot steht, ist das Bestreben, den Kunden Mobilität zu garantieren.

Ein wichtiger Faktor für den großen Erfolg von Stegmaier Nutzfahrzeuge ist der Anspruch, die Besten auf ihrem Gebiet zu sein. Damit einher geht die genaue Beobachtung des Markts, um auf Veränderungen immer optimal vorbereitet und den Mitbewerbern stets den entscheidenden Schritt voraus zu sein. Dass dies immer wieder gelingt, zeigen die zahlreichen Auszeichnungen wie zum Beispiel der UnternehmerEnergie Award, der 1. Platz beim Europäischen Transportpreis für Nachhaltigkeit und der 1. Platz beim renommierten Service Award.

HISTORIE

Hermann Stegmaier I.

1927   Hermann Stegmaier I. gründete eine freie KFZ-Werkstatt und legt damit den Grundstein für die Stegmaier Group

1930   Die ersten Ford-Verträge in Deutschland werden geschlossen. Hermann Stegmaier I. unterschrieb dank seiner Kontakte in die USA als einer der Ersten in Deutschland den Ford-Vertrag, der bis zum heutigen Tag noch gültig ist. In der Folge kamen zahlreiche weitere Partnerverträge im PKW-, Zweirad- und Nutzfahrzeuge-Bereich dazu

1946   Manfred Stegmaier, Sohn von Hermann Stegmaier I., übernimmt das Unternehmen. Unter seiner Leitung vergrößert sich das Portfolio um die Bereiche leichte Motorräder und Nutzfahrzeuge

1957   Zur Unterstützung holt Manfred Stegmaier seinen jüngeren Bruder Hermann II. ins Unternehmen. Er übernimmt gemeinsam mit seiner Frau die PKW- und die Zweiradabteilung, während sich Manfred Stegmaier auf die Nutzfahrzeugsparte konzentriert

1965   Manfred Stegmaier unterzeichnet den Partnervertrag mit MAN

1992   Hermann Stegmaier III. tritt ins Unternehmen ein und übernimmt im gleichen Jahr die Geschäftsführung von Stegmaier Nutzfahrzeuge

1993   Frank Neumann tritt als erster kaufmännischer Auszubildender von Hermann Stegmaier III. ins Unternehmen ein

1995   Stegmaier Nutzfahrzeuge wird als erster LKW-Betrieb im Landkreis Schwäbisch Hall nach ISO 9002 zertifiziert. Mit Business Fleet Services (BFS) und dem Gebrauchthandel halten zusätzliche Serviceangebote Einzug

Ab 1998   Ausbau der Marke BFS: Die Fahrzeug-Vermietung wird kontinuierlich ausgebaut und umfasst heute rund 1.200 Fahrzeuge an fast 80 Standorten

2007   Autohaus Stegmaier wird mit dem 1. Platz des renommierten Service Awards ausgezeichnet

2008   Die Stegmaier Nutzfahrzeuge GmbH gewinnt den Management Preis „UnternehmerEnergie"

2012   BFS gewinnt den Europäischen Transportpreis für Nachhaltigkeit im Bereich Nutzfahrzeuge- und Trailervermietung

2013   Stegmaier Nutzfahrzeuge wird für das umfassende Service-Konzept mit dem 1. Platz des renommierten Service Awards ausgezeichnet

2014   Nach der Tochterfirma BFS gewinnt Stegmaier Nutzfahrzeuge den Europäischen Transportpreis für Nachhaltigkeit für das Werkstattkonzept

2016   Als drittes Unternehmen der Stegmaier Group erhält GSS Nutzfahrzeuge den Europäischen Transportpreis für Nachhaltigkeit für die Mitentwicklung eines e-LKW

2017   Die Stegmaier Group feiert 90-jähriges Jubiläum

Hermann Stegmaier III. und Frank Neumann

AUF EINER WELLENLÄNGE –
HERMANN STEGMAIER III.
UND FRANK NEUMANN

Ein jahrzehntelanger Erfolg, wie ihn Stegmaier Nutzfahrzeuge verzeichnen kann, ist nur durch den Grundsatz der Beständigkeit möglich: Beständigkeit in Bezug auf Kunden, Geschäftspartner und Mitarbeiter. Von Kindesbeinen an half Hermann Stegmaier III. tatkräftig im Unternehmen mit und begeisterte sich schon früh für das Thema Nutzfahrzeuge. Sein Interesse für anspruchs- volle Technik führte dazu, dass er nach dem Abitur auf einem technischen Gymnasium eine Lehre als KFZ-Mechatroniker sowie die darauf aufbauende Meisterprüfung mit Bravour abschloss. Doch sein beruflicher Weg führte ihn danach nicht, wie man vermuten könnte, in den Familienbetrieb, sondern nach Stuttgart zu MAN. Dort stieg er schnell auf und nach einer Weiterbildung zum Betriebswirt wurde er jüngster Service-Niederlassungsleiter der MAN-Organisation. Nach drei Jahren in dieser Position stellte ein Schicksals- schlag in der Familie Hermann Stegmaier III. vor eine Entscheidung. Durch den plötzlichen Tod seines Onkels verlor nicht nur die Familie ein geliebtes Mitglied, sondern auch Stegmaier Nutzfahrzeuge den Geschäftsführer. Die Familie hielt zusammen und so trat Hermann Stegmaier III. in die Fußstapfen seines Onkels. Er übernahm den Nutzfahrzeuge-Bereich, während sein Bruder Thomas seither den Pkw-Bereich führt und seine Schwester Sabine sich um die Zweiräder kümmert. Gemeinsam richteten sie die Stegmaier Group neu aus, wobei sie aber stets darauf achteten, dass der familiäre Charakter und die bestehenden Werte des Unternehmens nicht in Vergessenheit gerieten.

1993 trat Frank Neumann als erster kaufmännischer Auszubildender von Hermann Stegmaier III. ins Unternehmen ein. Während seiner Lehre zum Bürokaufmann durchlief er alle Abteilungen von Stegmaier Nutzfahrzeuge, wobei Hermann Stegmaier III. stets das Ziel verfolgte, ihm in kurzer Zeit so viel wie möglich beizubringen. Schon immer wurde bei dem Crailsheimer

Hermann III., Sabine und Thomas Stegmaier

Familienunternehmen Wert darauf gelegt, seine Führungskräfte selbst auszubilden. So wurde Frank Neumann 1995 noch während seiner Lehre zum Qualitätsmanagementbeauftragten ernannt, leitete ab 1997 den Aufbau der Truckvermietung BFS der Stegmaier Group und war Beauftragter für den Verkauf von Gebrauchtfahrzeugen. Als logische Konsequenz seiner beruflichen Weiterentwicklung im Unternehmen schloss Frank Neumann 2004 die Weiterbildung zum Betriebswirt/IHK erfolgreich ab und wurde nicht nur Assistent der Geschäftsleitung, sondern auch Prokurist von Stegmaier Nutzfahrzeuge. Gekrönt wurde sein bisheriger Berufsweg 2009 mit der Ernennung zum Prokuristen von BFS sowie zum Geschäftsführer von Stegmaier Nutzfahrzeuge im Jahr 2011.

Das Erfolgsrezept der Zusammenarbeit von Hermann Stegmaier III. und Frank Neumann sowie im ganzen Unternehmen besteht aus zwei Grundbausteinen. Zum einen findet ein intensiver Austausch von Meinungen und Ideen innerhalb der kompletten Unternehmensgruppe und über alle Hierarchieebenen hinweg statt. Hinzu kommt ein großes Vertrauen, das allen Mitarbeitern und ihren Entscheidungen entgegengebracht wird. Über die Zeit hinweg ist zwischen Hermann Stegmaier III. und Frank Neumann eine ganz besondere Verbindung entstanden: Der Eine kann im Sinne des Anderen antworten, ohne dass vorher etwas abgestimmt werden muss. Dieses Verständnis für den Anderen ist ein wesentlicher Faktor für den Erfolg des Unternehmens.

FRAGEN AN HERMANN STEGMAIER III. UND FRANK NEUMANN

Herr Neumann, welche Voraussetzungen müssen in einem Unternehmen gegeben sein, damit es als sympathisch wahrgenommen wird?

Frank Neumann: „Ein Punkt ist meiner Ansicht nach grundlegend für die Entstehung von Sympathie und damit auch Exzellenz: Die dauerhafte Konzentration des Unternehmens auf einen echten Mehrwert und einen deutlichen Nutzen für den Kunden. Wenn man die Erwartungen des Kunden erfüllt, ist dieser zwar zufrieden, aber deshalb findet er das Unternehmen noch nicht unbedingt sympathisch. Das wird es erst, wenn man die Erwartungen übertrifft."

Herr Stegmaier und Herr Neumann, was bedeutet Exzellenz für Sie?

Hermann Stegmaier III.: „Für mich bedeutet Exzellenz, besser zu sein als der Durchschnitt. Die Erwartungen des Kunden müssen übertroffen werden. Das gilt sowohl für die technische als auch für die menschliche Komponente eines Kundenkontakts."

Frank Neumann: „Exzellenz ist für mich schwer zu beschreiben, denn es ist mir fast etwas zu hoch gegriffen. Es ist eine Eigenschaft, die man meiner Meinung nach nie wirklich erreichen kann – man findet immer etwas, das noch besser gemacht werden kann. Der Weg zur Exzellenz wird nie zu Ende sein. Aber um auf diesem Weg zu bleiben, ist es unerlässlich, jeden Tag einen tollen Job zu machen und mit ganzem Herzen dabei zu sein."

Was ist Ihnen, Herr Neumann, in Bezug auf die Zusammenarbeit im Unternehmen besonders wichtig?

Frank Neumann: „Neben den klassischen Dingen, wie einer guten Kommunikation, einem intensiven Austausch und einer ehrlichen und offenen Atmosphäre im Unternehmen, streben wir alle ein nachhaltiges Wirtschaften in den Bereichen Ökologie, Ökonomie und Soziales an. Wir sind uns der großen Verantwortung, die wir gegenüber der Umwelt, unseren Mitarbeitern bzw. Kollegen und unseren Kunden haben, jederzeit bewusst."

Herr Stegmaier, wie gehen Sie in Ihrem Unternehmen mit Fehlern um?

Hermann Stegmaier III.: „Wir haben eine offene Fehlerkultur. Das heißt, wir als Geschäftsführer und auch unsere Führungskräfte wissen, dass Fehler passieren und ein gewisses Lehrgeld auch einfach mit dazugehört. Wichtig ist aber, dass mehr richtig gemacht wird als falsch. Passiert ein Fehler, wird offen darüber gesprochen und versucht, die Ursache herauszufinden. Geschieht dieser Fehler dann ein zweites Mal, analysieren wir gemeinsam mit dem Mitarbeiter, warum das der Fall war und erarbeiten einen konkreten Weg, wie er ihn in Zukunft verhindert. Auch tauschen wir uns innerhalb der Unternehmensgruppe über die gemachten Fehler aus, um so vielleicht jemand anderen vor dem gleichen zu bewahren."

STEGMAIER NUTZFAHRZEUGE – EINE TRADITIONELLE ERFOLGSGESCHICHTE

Trotz aller Internationalisierung und neuer Geschäftsfelder ist eines der Firma Stegmaier Nutzfahrzeuge bis heute erhalten geblieben: die Firmenphilosophie, die den Kunden als Partner sieht, die Qualität vorlebt und die Herkunft aus der Region nicht vergisst. Das gesamte Handeln des Unternehmens steht auf fünf Säulen, die in Form eines Leitbilds erarbeitet und ausformuliert wurden. Diese sind die Denkweise eines inhabergeführten Unternehmens, die

Selbstverpflichtung zur technischen Kompetenz als Spezialisten, die Kultivierung dauerhafter Geschäftsbeziehungen sowie der Anspruch der Mobilitätssicherung. Dass diese Leitgedanken nicht nur leere Worthülsen sind, sondern tagtäglich in der Praxis gelebt werden, bestätigt das kontinuierliche Wachstum und der Erfolg der Stegmaier Group in der gesamten Bandbreite.

ALLES AUS EINER HAND

Über allem steht das höchste Ziel des Crailsheimer Unternehmens: die Zufriedenheit der Kunden. Im Bereich der Nutzfahrzeuge kosten Ausfälle schnell viel Geld, wenn die Ladung nicht rechtzeitig beim Kunden ist. Für die Kundenzufriedenheit ist also neben einem zuvorkommenden, herzlichen Umgang die Zeit, in der die Reparatur durchgeführt beziehungsweise der Fahrer wieder mobil ist, ein wichtiger Faktor. Hier kann Stegmaier Nutzfahrzeuge vor allem durch die eigene Mietfahrzeugflotte der Tochterfirma BFS mit rund 1.200 Einheiten an ca. 80 Standorten in Deutschland, Kroatien und der Schweiz punkten. Auch der „Alles-aus-einer-Hand"-Service, zu dem neben der Reparatur der Fahrzeuge auch ein Rückholservice, ein Bergungs- und Abschleppdienst, ein großes Ersatzteillager, eine Gebrauchtteilebörse sowie ein Trucker-Hotel gehören, hilft bei einem sorgenfreien Ablauf im Schadensfall. Dass Stegmaier Nutzfahrzeuge die Kundenerwartungen überdurchschnittlich gut erfüllt, zeigen diverse Auszeichnungen wie zum Beispiel der 1. Platz beim renommierten Service Award 2013 oder die mehrfache Auszeichnung als MAN Service Quality Partner.

NACHHALTIGES WIRTSCHAFTEN IN ALLEN BEREICHEN

Ein weiterer Baustein des Erfolgs von Stegmaier Nutzfahrzeuge ist der Weg des nachhaltigen Wirtschaftens in den Bereichen Ökologie, Ökonomie und Soziales. Das Crailsheimer Unternehmen fühlt sich der Umwelt verpflichtet und bemüht sich, möglichst ökologisch zu agieren. So sind zum Beispiel alle Dächer mit Photovoltaik-Anlagen bedeckt, die Werkstatt ist mit Fußbodenheizung und

Geschäftsführung und Führungskräfte der Stegmaier Group

einer besonderen Wärme-Isolation ausgestattet. Um möglichst viel Tageslicht zu nutzen, sind große Fensterfronten verbaut und es gibt die Möglichkeit der Wärmerückgewinnung sowie ein Regenwasserauffangbecken.

Im Bereich der Ökonomie möchte Stegmaier Nutzfahrzeuge seinen Kunden einen größtmöglichen Nutzen bieten. Dies geschieht unter anderem in Form der hervorragenden Erreichbarkeit direkt an der Autobahn A6. Das Ein-Wege-System auf dem gesamten Betriebsgelände sorgt für eine Erhöhung der Verkehrssicherheit und eine Optimierung der Prozesse. Außerdem bieten das One-Stop-Shopping – vor Ort gibt es die Möglichkeit, zum Beispiel Reifen, Telematik oder Tankkarten zu erwerben – und das Trucker-Hotel einen hohen Komfort für den Fahrer.

Zu keinem Zeitpunkt verlieren Hermann Stegmaier III. und Frank Neumann aus dem Blick, wer grundlegend für den Erfolg des Unternehmens verantwortlich ist: Es sind die Menschen. Nur begeisterte Mitarbeiter können Kunden begeistern. Mit Schulungen und Weiterbildungen, Team-Events, einem Fitnessraum, dem Ernährungsprogramm „Metabolic Balance" und Teilnahme an der Truck Trial Europameisterschaft bietet Stegmaier Nutzfahrzeuge seinen Mitarbeitern vielfältige Aktivitäten. Außerdem sorgt das Unternehmen für eine vollständige Integration von Mitarbeitern mit Behinderung.

Überreichung des Unternehmer-
Energie Awards 2008

Einer der ersten beiden batteriebetriebenen LKWs

UNTERNEHMERENERGIE – DAS „KOCHBUCH"
FÜR UNTERNEHMER

Um den vorhandenen Qualitäts- und Servicestandard halten und sogar noch
verbessern zu können, setzten Hermann Stegmaier III. und Frank Neumann
auf die kontinuierliche Weiterentwicklung ihrer Mitarbeiter. Seit 2004 begleitet
das Führungssystem UnternehmerEnergie Stegmaier Nutzfahrzeuge dabei. Nach
dem Seminarbesuch von Hermann Stegmaier III. in besagtem Jahr begann
der Unternehmer, alle Führungskräfte zu schulen und die Werkzeuge zu
adaptieren, die das Unternehmen seiner Meinung nach weiterbringen konnten.
Für Hermann Stegmaier III. ist UnternehmerEnergie „... wie ein Kochbuch für
Unternehmer. Es enthält unterschiedliche Rezepte und man sucht sich die
heraus, die am besten zu einem passen. Gelegentlich wandelt man sie ein
wenig ab, aber letztendlich hat man doch die perfekte Anleitung für ein erfolgreiches Unternehmen." Besonders schätzt er die branchenunabhängige Gültig-
keit des Führungssystems. Werkzeuge, die im Alltag von Stegmaier Nutzfahrzeuge auftauchen, sind beispielsweise der Leitfaden für Mitarbeitergespräche,
die 8F der Lebensbalance, die Jahreszielplanung, das Ideen- und Vorschlags-
wesen und das Zeitmanagement. Außerdem folgt das Crailsheimer Unternehmen
der Philosophie, dass es ein ausgewogenes Verhältnis zwischen Privatleben
und Beruf geben muss. Als wir auf dieses Thema zu sprechen kommen, erklärt

mir Frank Neumann: „Hat man das erkannt und wird dies im Alltag auch umgesetzt, ist das die beste Burn-out-Prävention." Solche Worte hört man nicht häufig in Unternehmen. Auch deshalb erhielt Stegmaier Nutzfahrzeuge 2008 den UnternehmerEnergie Award

DER KAMPF GEGEN DEN FACHKRÄFTEMANGEL

Wie viele Unternehmen haben auch Stegmaier Nutzfahrzeuge mit dem Fachkräftemangel zu kämpfen. Deshalb setzt das Unternehmen auf die interne Entwicklung von Führungskräften. Frank Neumann ist das beste Beispiel dafür. Schon früh wird den Mitarbeitern ein hohes Maß an Freiheit und Vertrauen entgegengebracht. So gibt es zum Beispiel keine schriftlichen Arbeitsverträge. Mündlich werden die Rahmenbedingungen abgesteckt und der Handschlag besiegelt die Vereinbarung. Außerdem ist es keine Seltenheit, dass auch junge Menschen – wie zum Beispiel der 24-jährige Marc Stegmaier, der Anfang 2017 Prokurist bei Stegmaier Nutzfahrzeuge wurde – Führungspositionen besetzen.

Eine der größten Herausforderungen für Stegmaier Nutzfahrzeuge ist derzeit, Auszubildende zu finden. Da immer mehr Jugendliche studieren, geht das Crailsheimer Unternehmen aktiv auf Schüler zu und bewirbt sich als Ausbildungsbetrieb bei ihnen. So gibt es zum Beispiel regelmäßig einen Azubi-Tag, an dem interessierten Jugendlichen und ihren Eltern die Werkstatt gezeigt und die Arbeit vorgestellt wird. Außerdem besucht Frank Neumann regelmäßig Schulklassen, um mit den Schülern über die richtige Form von Bewerbungen im Allgemeinen zu sprechen und sie natürlich indirekt auch für Stegmaier Nutzfahrzeuge als Betrieb zu interessieren.

DIE ERFOLGSGESCHICHTE GEHT WEITER

Dass sich Stegmaier Nutzfahrzeuge nicht auf seinen Lorbeeren ausruhen will, zeigt das kontinuierliche Wachstum der letzten 90 Jahre. Auch in Zukunft wird das sympathische Unternehmen aus Crailsheim aktiv neue Geschäftsfelder erschließen. Besonders im Bereich der E-Mobilität ist Stegmaier Nutzfahrzeuge vorne mit dabei, wie zum Beispiel durch die Partnerschaft von BFS mit der Firma FRAMO, die batteriebetriebene LKWs entwickelt. Ihre ersten beiden Fahrzeuge sind seit 2016 auf den Straßen unterwegs. Hermann Stegmaier III. und Frank Neumann geben mit ihrem Unternehmen das beste Beispiel, wie man ein Unternehmen kontinuierlich weiterentwickelt, ohne die traditionellen Werte zu vergessen.

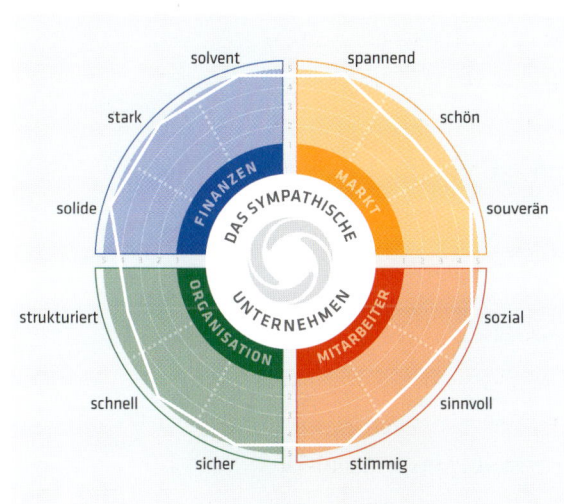

MEIN FAZIT

Die Firma Stegmaier Nutzfahrzeuge ist für mich ein Paradebeispiel eines echten „Hidden Champions". Das Unternehmen geht fokussiert seinen Weg und konzentriert sich auf seine Kunden. Wenn der Nutzen möglichst groß ist und die Ideen im Sinne der Kunden sehr schnell in die Praxis umgesetzt werden, dann entsteht ein sympathisches und exzellentes Unternehmen, das sich bereits 90 Jahre lang auf einem hart umkämpften Markt behauptet. Ich durfte das Unternehmen bei vielen Gelegenheiten kennenlernen – ob bei Vorträgen vor Ort, einem Besuch oder bei Seminaren. Außerdem hatte ich die Ehre, Stegmaier Nutzfahrzeuge mit unserem UnternehmerEnergie Award auszeichnen zu dürfen. Der Grund ist einfach: Es ist die Mischung aus der konsequenten Umsetzung von UnternehmerEnergie, gepaart mit außergewöhnlicher Kompetenz und dem Willen, jedem Kunden die bestmögliche Leistung zu bieten und dabei ein Arbeitsumfeld zu schaffen, in dem sich die Menschen wohlfühlen und gerne Leistung erbringen. Das ist mein Eindruck dieser außergewöhnlichen und sympathischen Firma mit einem sehr guten Team und ganz bodenständigen, aber dabei exzellenten Führungspersönlichkeiten.

Mitarbeiter
75, davon
10 Auszubildende

Umsatz
7,5 Mio. Euro

Kunden
5.000 User auf über
130 Portalen

Adresse
Hans-Georg-Weiss-Str. 18,
52156 Monschau

Firmenstruktur
WWM GmbH & Co. KG als
operatives Unternehmen

Standorte
WWM Design- und
Productioncenter
(Monschau)
WWM Support Center
(München)
WWM Service Hub Germany
(Alsdorf)

Internet
www.wwm.de
www.rocketexpo.com

In exzellenter Anwendung

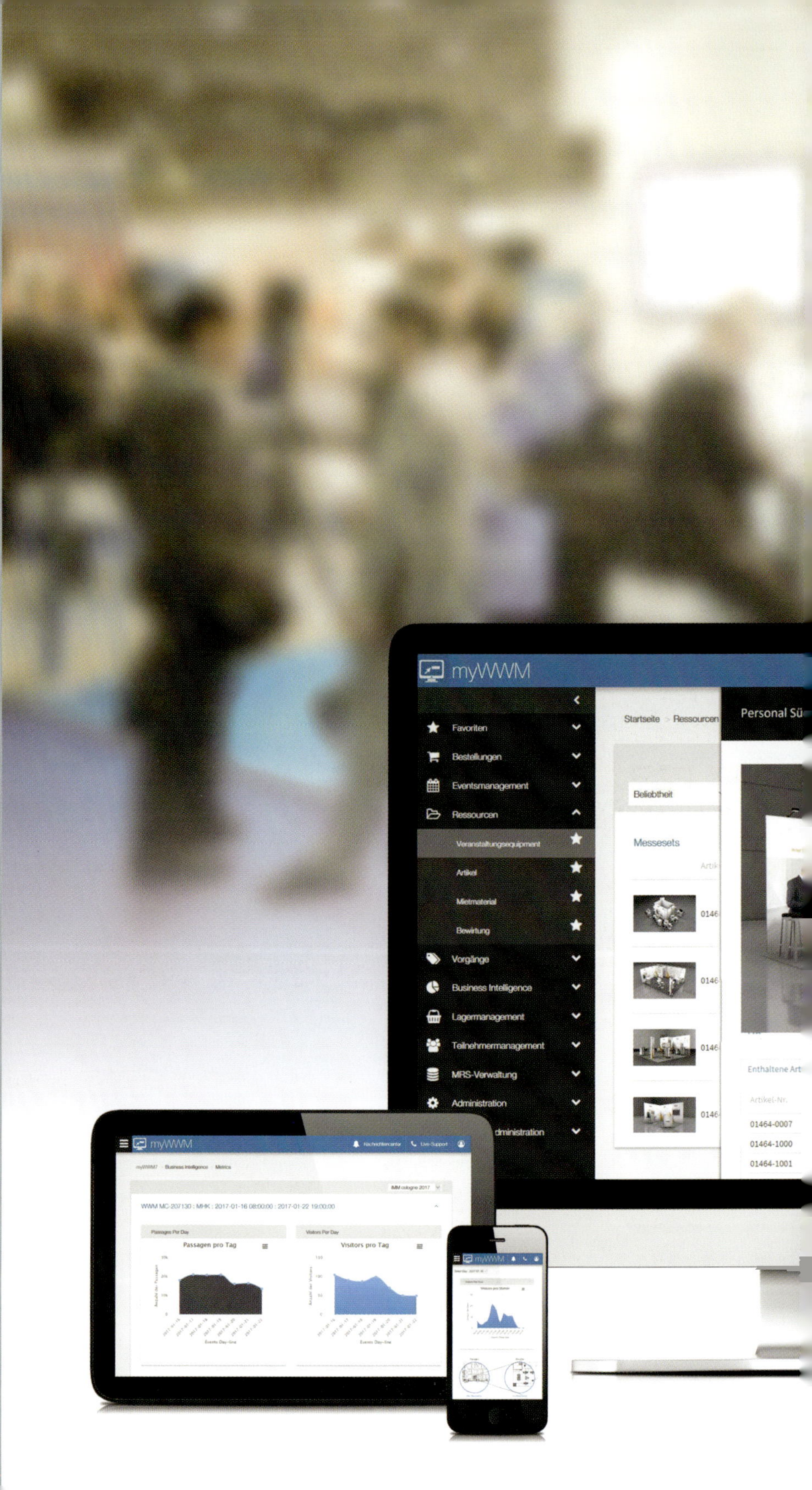

Live Communication on Demand

DR. CHRISTIAN COPPENEUR-GÜLZ

WWM GMBH & CO. KG

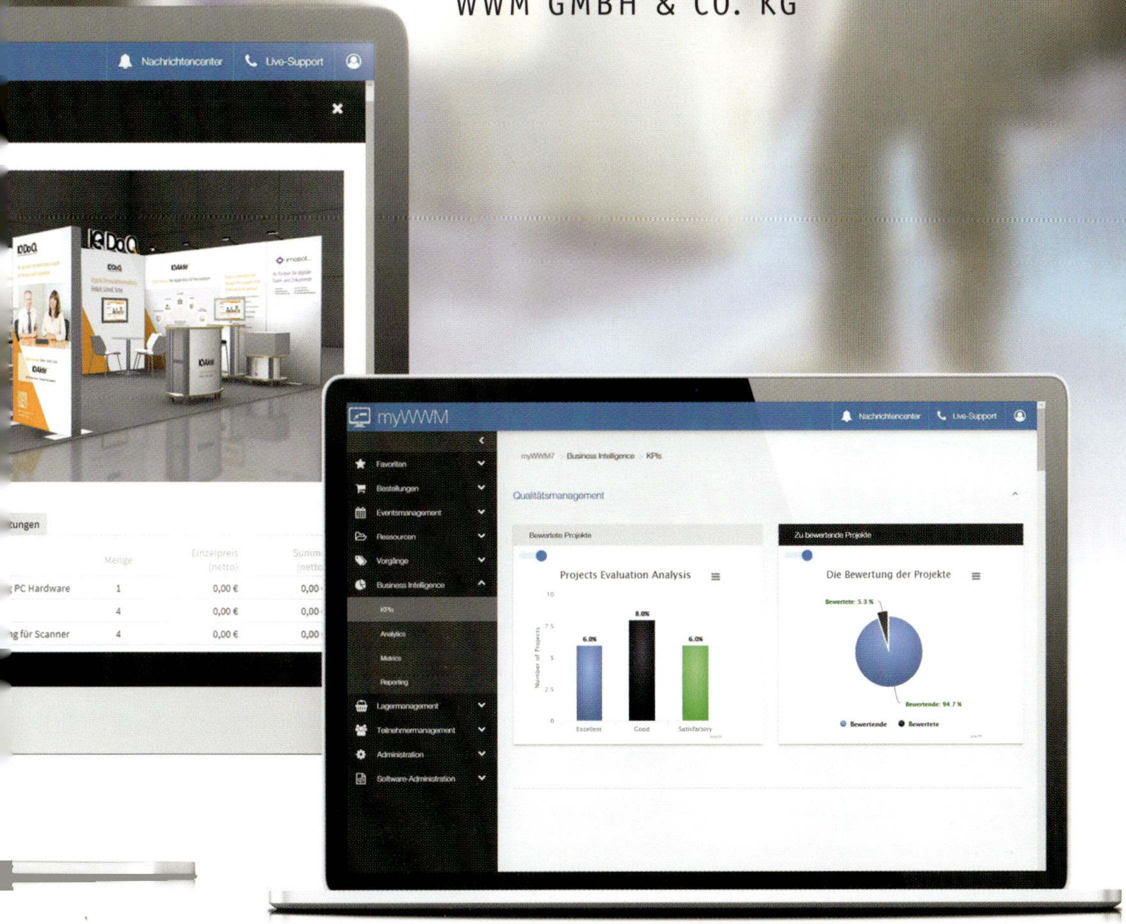

Bild oben und Bilder rechts: Impressionen vom Design & Production Center in Monschau und dem Service Hub in Alsdorf

Unter dem Namen Werbewerkstätten Monschau wurde das Unternehmen WWM 1977 von Friedhelm Gülz gegründet. Heute führt Dr. Christian Coppeneur-Gülz das Unternehmen, das Trends im Bereich des Live-Marketings setzt, in der zweiten Generation. Auf der Grundlage langjähriger Erfahrung im Bereich Live-Kommunikation wurde mit „myWWM" die erste ERM-Software (Event-Resource-Management) entwickelt. Auf diese innovative Lösung vertrauen inzwischen mehr als 5.000 User namhafter und internationaler Unternehmen und so hat die WWM das Denken in der Messe- und Eventbranche revolutioniert. Mehr als 50.000 Marketingmaßnahmen werden jährlich über die cloudbasierten Prozesse gesteuert. Auch durch die mehr als 2.500 Messen und Veranstaltungen pro Jahr baut das Unternehmen seinen Expertenstatus kontinuierlich aus.

WWM ist ein „Marketing-Ökosystem". Der zentrale Punkt ist die ERM-Software „myWWM", mit der das gesamte Spektrum der Live-Kommunikations-Maßnahmen schnell und einfach gesteuert und koordiniert wird. Den Eventmanagern der Kunden steht ein individuelles und hocheffektives System zur Verfügung, das die Offline-Marketing-Ressourcen zentral verwaltet und dank der intuitiven Oberfläche von überall aus und jederzeit den Zugriff ermöglicht. WWM zeichnet sich durch einen innovativen Spirit sowie eine ausgeprägte Wertekultur aus. Das Unternehmen definiert sich nicht nur über die Produkte und Dienstleistungen, sondern auch über den respektvollen Umgang miteinander. Diese authentische Art und Weise, sich in einem hoch dynamischen Umfeld zu bewegen, wird geschätzt und ist motivierend zugleich.

HISTORIE

1977 Gründung der Werbewerkstätten Monschau mit dem Schwerpunkt „Messebau" durch Friedhelm Gülz

1980 Fokussierung auf die Produktion und Entwicklung von modularen Messe- und Ausstellungssystemen. Wandlung in die WWM System Service GmbH zur internationalen Ausrichtung

2005 Dr. Christian Coppeneur-Gülz übernimmt die Geschäftsführung. Wandlung zur WWM GmbH & Co. KG

2006 Vorstellung der ersten Version von myWWM und Aufbau des neuen Bereichs „Messe- & Eventlogistik"

2008 Über 50 installierte myWWM Portale, WWM Software & Consulting als eigenständige Abteilung für Softwarelösungen

2009 Trotz verheerender Folgen der Wirtschaftskrise für die Event-Branche wächst das myWWM-Modell und erzielt den höchsten Bereichs-Umsatz im Unternehmen

2010 Übernahme und Integration einer Großformat-Druckerei zur on-Demand Produktion von Grafiken. Über das Portal werden 500 Versicherungs- pakete für den Rundum-Schutz von Marketing-Maßnahmen verkauft

2011 Erstmals werden in einem Jahr über 1.000 Live-Marketing-Maßnahmen digital geplant und realisiert

2012 Das Wachstum von myWWM wird so stark (40 % p.a.), dass die logis- tischen Kapazitäten von WWM nicht mehr ausreichen. Der Bereich „Messe- und Eventlogistik" zieht in ein professionelles Logistikcenter (Service-Hub) um

2014 Auf Wunsch eines einzelnen Kunden wird eine Lösung zur Bewirtung von Events gemeinsam mit Nespresso entwickelt und in die Plattform integriert. Bereits im ersten Jahr erwirtschaftet der Bereich Bewirtung 250.000 Euro Umsatz – digital

Die WWM kauft und integriert ein Unternehmen, das auf internationalen Messebau spezialisiert ist. Damit wird der Grundstein für die Internationalisierungs-Strategie des myWWM Modells gelegt

2015 Vorstellung von myWWM 6 an der Wissenschaftlichen Hochschule für Unternehmensführung (WHU) in Vallendar

WWM integriert die On-Demand-Produktion von Druckerzeugnissen wie Broschüren und Flyern für Kommunikationsmaßnahmen. Der neue Bereich „Print-on-Demand" ist bereits im ersten Jahr profitabel – während die Druckbranche schrumpft. Das gesamte Unternehmen wächst mit 50 %, während die Messe-Branche mit nur 1,3% wächst

2016 Die WWM investiert in das Start-up store2be. Der Einstieg ermöglicht myWWM Kunden zielgruppengenaue, messbare und skalierbare Live-Kommunikation auf über 1.000 flexibel buchbaren Aktionsflächen

Die WWM startet das Projekt „Campus Alsdorf". Auf 11.000 qm entsteht bis zum 01.04.2017 ein hochmoderner, cloudbasierter Service Hub für webbasiertes Live-Marketing

2017 Der Bereich „klassischer Messebau" wird als Spin-off „Rocketexpo" aus der WWM ausgegliedert. Die WWM fokussiert sich auf den Bereich „webbasiertes Eventmanagement"

myWWM 7 wird vorgestellt und integriert mit myWWM Business-Intelligence eine Lösung zur automatischen, digitalen Messung von Besucherströmen auf Veranstaltungen. Damit bietet die WWM als Innovationsführer eine Plattform – ähnlich zu Google Analytics – für messbare Live-Kommunikation

DR. CHRISTIAN COPPENEUR-GÜLZ: REVOLUTIONÄR DER LIVE-KOMMUNIKATION

„Die Branche digital revolutionieren", das war – bewusst oder auch unbewusst – von Anfang an das Ziel von Dr. Christian Coppeneur-Gülz, als er in das Familienunternehmen seines Vaters einstieg. Seine erstklassige Ausbildung hatte ihn ausgezeichnet auf diese große Herausforderung vorbereitet: Studium in Deutschland, Italien und den USA mit Schwerpunkt IT-Strategie, bei dem er den Fokus auf die Veränderung der Wettbewerbsbedingungen durch den strategischen Einsatz von IT (Digitale Transformation) setzte. Gekrönt hat er diesen Weg mit einer Promotion an der WHU, an der er heute immer noch als externer Dozent lehrt.

Geprägt wurde die Laufbahn von Dr. Christian Coppeneur-Gülz von seinen „beiden Vätern". Sein leiblicher Vater lehrte ihn, Dinge nur mit Liebe und Begeisterung zu tun. Außerdem gab er ihm den Leitgedanken „Man ist nur gut in dem, was man mit vollem Herzen macht. Das betrifft auch die Menschlichkeit im Umgang mit anderen" mit auf den Weg. Die andere stützende Säule war Prof. Dr. Dipl-Ing. Thomas Fischer, sein Doktorvater, der die Ideen von myWWM immer mit vorantrieb und seinen Doktoranden sowohl fachlich als auch emotional unterstützte. Aber vor allem seine abstrakte und gleichzeitig auf Synergien ausgelegt Denkweise brachte Dr. Christian Coppeneur-Gülz voran und zeigte ihm, dass 1 und 1 gleich 3 sein kann, wenn man das Ganze betrachtet. Der junge Unternehmer ist sich sicher, dass diese Betrachtungsweise einer seiner größten Erfolgsfaktoren ist. Das heißt auch, sich nicht in Details zu verzetteln und die Strategie auf das Ganze auszurichten, auch wenn einzelne Elemente noch fehlen.

Heute weiß der Unternehmer, dass die Entwicklung von WWM, trotz des Flankenschutzes seiner „beiden Väter", gerade in den ersten Jahren noch schneller vorangeschritten wäre, wenn der junge Unternehmer mehr Vertrauen in andere Menschen gehabt hätte. Heute heißt sein gelerntes Motto: „Vertrauen schenken und damit Motivation schaffen. Vertrauensbruch direkt sanktionieren." Denn nach einem Vertrauensbruch endet für ihn jegliche Art der Beziehung – sowohl geschäftlich als auch privat.

Der Besuch des Seminars UnternehmerEnergie und der Leitsatz „Arbeite am Unternehmen, nicht im Unternehmen" haben die Entwicklung von WWM noch einmal beschleunigt. In einem kleinen Unternehmen, in dem der Chef zwangsläufig operative Aufgaben übernehmen muss, war es für den jungen Unternehmer zunächst eine echte Herausforderung, die Philosophie von SchmidtColleg anzuwenden. Aber als Dr. Christian Coppeneur-Gülz nach dem Besuch des Seminars mit der Umsetzung begann, konnte er schnell Erfolge verzeichnen.

Diese Erfahrung möchte er heute auch anderen Unternehmern mit auf den Weg geben. Denn für ihn ist UnternehmerEnergie der Erfolgsmotor Nummer 1 – und das nicht nur, weil er dadurch den Teufelskreis, mehr arbeiten zu müssen, um mehr zu verdienen, durchbrochen hat. Er hat gelernt, dass es darum geht, die richtigen Dinge zu tun, nicht Dinge richtig zu tun.

FRAGEN AN DR. CHRISTIAN COPPENEUR-GÜLZ

Herr Dr. Coppeneur-Gülz, Sie haben in Ihren jungen Jahren schon sehr viel erreicht. Wie heißt Ihr Lebensmotto?

Experiment – fail – learn – repeat.

*Sie gelten als „Revoluzzer der Live-Kommunikation".
Hat das Ihres Erachtens eine Auswirkung auf die Wahrnehmung Ihres Unternehmens in Bezug auf Sympathie?*

Naja, „Revoluzzer der Live-Kommunikation" war das Titelblatt eines Fachmagazins – und Titelblätter müssen nun mal polarisieren. Wir treiben die digitale Transformation in unserer Branche voran – wenn man nun deshalb Jeff Bezos (Amazon) als „Revoluzzer des Einzelhandels" bezeichnen will, nun gut, damit komme ich persönlich gut zurecht. Mit der Brille von Joseph Schumpeter betrachtet, ist die Disruption von Märkten und Branchen ein durchaus positiver Begriff. Die digitale Transformation beschleunigt, vereinfacht und vergünstigt Prozesse, dies führt zu geringeren Kosten für die Kunden. Also wenn das nicht sympathisch ist?

Welche Voraussetzungen müssen in einem Unternehmen gegeben sein, damit es als sympathisch wahrgenommen wird?

Schwierige Frage. Für mich steht Sympathie von Unternehmen auf zwei Säulen: Authentizität und gelebte Wertekultur. In der Außendarstellung versucht natürlich jedes Unternehmen – am besten mit günstig zugekauften Stock-Bildern von politisch korrekten Teams – sympathisch zu wirken. Dies geht meines Erachtens in die falsche Richtung. Sympathie ist eine Frage von Glaubwürdigkeit und Authentizität. Wir machen seit Jahren Fotos von den echten Teams und verwenden auch nur diese in unserer Kommunikation (Website etc.). Die Kunden erkennen ihre Ansprechpartner dort wieder – das schafft Authentizität. Zum anderen geht es um gelebte Werte. Das bedeutet, dass wir das, was wir als Corporate Culture „verkaufen", auch wirklich leben müssen – in jedem Kontakt, in jeder Kommunikation und vor allem in jeder Situation mit unseren Kollegen, Kunden und Lieferanten. Ich glaube, dies ist der Schlüssel, damit ein Unternehmen sympathisch wahrgenommen wird und gleichzeitig die Voraussetzung dafür, dass Kunden zu Fans werden. Eine wirklich schwierige, aber in ihrer Wirkung noch mächtigere Aufgabe.

Wie ist Ihres Erachtens das Zusammenspiel von Sympathie und Exzellenz in einem Unternehmen?

Betrachtet man den Begriff Exzellenz rein fachlich (also auf Kompetenzen bezogen), so stehen die beide Begriffe in einem Spannungsverhältnis. Kompetenz kann bei einem unglücklichen, rhetorischen Umgang schnell als arrogant interpretiert werden – eine eher unsympathische Eigenschaft. Wenn man den Exzellenzbegriff jedoch weiter fasst – als Corporate Excellence – dann wird aus dem Spannungsverhältnis eine notwendige Voraussetzung: Denn nur wenn es uns gelingt, sympathisch wahrgenommen zu werden und auch die anderen Felder der Exzellenz zu erfüllen, dann, und nur dann, dürfen wir uns als exzellent bezeichnen.

WWM: DIGITALE TRANSFORMATION MIT FOKUS AUF DEN KUNDEN

Während eines Besuchs bei WWM spürt man schnell, dass das sympathische Unternehmen sich der digitalen Transformation verschrieben hat: Überall, egal ob im Foyer, in den Konferenzräumen oder den Büros, hängen motivierende Start-up Sprüche wie z.B. „Ideas-over-Titles" oder „make-it-work-then-make-it-better". Man merkt, dass die Mitarbeiter sich wohlfühlen und diese Kultur leben. Diskussionen gehen immer in die Richtung dieser Sprüche, die digitale Transformation ist permanent präsent. Dabei steht der Kunde immer im Mittelpunkt.

WWM sucht Lösungen für die Probleme der Kunden, nicht für die eigenen. Dabei folgt das Unternehmen dem Grundsatz „done is better than perfect", was eine hohe Umsetzungsgeschwindigkeit ermöglicht. Das Unternehmen entwickelt sich immer mehr zum Software- und Lösungsanbieter, die ursprünglichen, handwerklichen Geschäftsfelder werden zunehmend ausgegliedert, um die notwendige Skalierbarkeit zu ermöglichen.

In einer zunehmend digitalen Welt übernimmt WWM die Entlastung der Kunden bei allen sekundären Prozessen sowie deren Optimierung. Das ausgefeilte Projekt- und Prozessmanagement des Unternehmens lässt seine Kunden zu den effizientesten Wettbewerbern in ihrer Branche werden. Das Spielfeld von WWM ist eine vernetzte und globalisierte Welt. Die Spielweise ist lösungsorientiert. Der Erfolg des Unternehmens basiert auf den Faktoren Geschwindigkeit, Ganzheitlichkeit, Digitalisierung und Integration. Als Kernkompetenz von WWM sieht Dr. Christian Coppeneur-Gülz die Betrachtung des großen Ganzen und nicht ausschließlich der Einzeldisziplinen. Dabei spielt die Überzeugung, dass die ganzheitliche Lösung immer mehr ist als die Summe der Einzelteile, eine entscheidende Rolle. Aus dieser Ganzheitlichkeit resultieren die Reduktion der Komplexität und damit der Anstieg des Nutzens für den Kunden.

MIT GELEBTER WERTEKULTUR ZUR EXZELLENZ

Die Exzellenz von WWM basiert auf einer Wertekultur, die von dem gesamten Team nicht nur akzeptiert, sondern auch im Alltag gelebt wird.

- So verbindet das WWM-Team beispielsweise Ehrlichkeit mit Hilfsbereitschaft. Denn das Team weiß, dass nur wenn die einzelnen Mitarbeiter ehrlich zueinander sind, sie sich auch gegenseitig helfen und unterstützen können.

- Darüber hinaus genießen die WWM-Mitarbeiter Freiheit in der Entscheidungsfindung. Im Gegenzug erwartet das Unternehmen aber auch, dass jeder Verantwortung für sein Handeln übernimmt.

- Um der Exzellenz- und Leistungsgesellschaft gerecht zu werden, sieht das WWM-Team Kompetenz, Qualität und Sorgfalt für das Handeln als selbstverständlich an. Gleichzeitig wird jedem mit Anerkennung begegnet, der die WWM-Standards übertrifft und dies wird als Ansporn für die eigene Arbeit genommen. Spaß ist der Treibstoff für exzellente Leistungen, wobei auch auf Raum für Entspannung Wert gelegt wird.

- Die WWM ist davon überzeugt, dass Gesundheit, Balance und Lebensfreude zu einem ausgeglichenen „Ich" gehören. Das erfordert in ihren Augen zugleich den Einklang mit der ökologischen und sozialen Umwelt.

- Die WWM gibt jedem Stakeholder Sicherheit: Einen sicheren Arbeitsplatz, eine sichere Gemeinschaft, ein sicheres Projekt. Das erfordert wirtschaftliches Arbeiten.

- Den Herausforderungen einer sich stetig verändernden Welt kann nur mit der Bereitschaft, Veränderungen anzugehen und dem Willen zur Innovation erfolgreich begegnet werden. Dabei ist die gelebte Dynamik und Innovation bei der WWM geprägt von Mut und nicht von Leichtsinn.

Diese gelebte Unternehmenskultur ist der wohl größte Wettbewerbsvorteil der WWM. Gleichzeitig arbeitet das Unternehmen streng nach den Ergebnissen der Gallup-Studie, die essenzieller Bestandteil der internen Führungskräfteentwicklung ist. Es wird versucht, die Energie auf die „hoch motivierten" Mitarbeiter zu richten.

Im Rahmen von WWM360, dem Rundum-System in Anlehnung an UnternehmerEnergie, werden die Geschäftsleitung und die Führungskräfte bewertet. Die Ergebnisse werden offen an alle Mitarbeiter kommuniziert. In 2017 hat die WWM zudem für alle Mitarbeiter eine Genussrechts-Beteiligung ins Leben gerufen, sodass alle Mitarbeiter an der wirtschaftlichen Entwicklung des Unternehmens partizipieren.

IT-WISSEN AUF HÖCHSTEM NIVEAU

WWM gilt als Vorreiter der Branche, in der dem Unternehmen das höchste IT-Wissen nachgesagt wird. Das belegt beispielsweise auch die erste selbstentwickelte, umfassende und professionelle Softwarelösung myWWM, ein Event-Resource-Management System, oder die in 2017 eingeführte Lösung myWWM Metrics zur automatischen Messung von Besucherströmen in der Live-Kommunikation. Bei der Neugewinnung von Kunden ist es heute diese IT- und Prozess-Kompetenz, die von den Kunden geschätzt wird. In einer hartumkämpften Branche hat es WWM geschafft, „weg von dem Produkt und der preislichen Vergleichbarkeit, hin zur Lösung" zu kommen und damit erfolgreicher zu sein als die Wettbewerber.

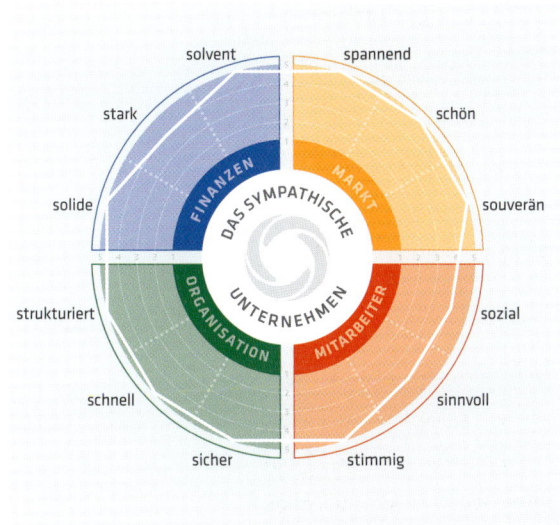

MEIN FAZIT

WWM ist eine tolle Kombination aus einem modernen, schönen und sympathischen Unternehmen. Die Innovationskraft hat ein Geschäftsmodell der Branche nachhaltig verändert und Christian Coppeneur-Gülz lebt bereits die digitale Transformation als Vorreiter. Dabei finde ich die Verbindung der neuen digitalen Welt mit den klassisch gelebten Werten in diesem Unternehmen besonders spannend und sympathisch.

Wieder sind es die Menschen, die mit ihrer Kreativität, Innovationskraft und Lösungsansätzen den Unterschied ausmachen. Dabei werden zum Beispiel die Werte „Ehrlichkeit" und „Hilfsbereitschaft" ebenso selbstverständlich mit „Dynamik" und „Innovation" verbunden wie auch die Wirtschaftlichkeit des Unternehmens mit dem Spaß im Team. WWM ist ein rundum sympathisches Unternehmen, bei dem es mir schwerfällt, große Verbesserungspotenziale aufzuzeigen und dem ich nur empfehlen kann, weiterhin so dynamisch und sympathisch zu bleiben.

TEIL III

EXZELLENTE GRUNDLAGEN

DIE BUCHREIHE DER EXZELLENTEN „HIDDEN CHAMPIONS"

Für Cay von Fournier ist Exzellenz mehr als die Bezeichnung von etwas außergewöhnlich Gutem. Für ihn ist sie eine Haltung, eine Einstellung, die aus vielen unterschiedlichen Facetten besteht. Schon in seinem Buch „Wert schaffen durch Werte" hat er fünf Unternehmen beschrieben, die exzellente Arbeit leisten. Auch in den beiden Bänden „Exzellente Unternehmen" sind außergewöhnliche Firmenbeispiele aus dem Produktions- und Dienstleistungsbereich zu finden. Das Buch „Corporate Excellence" setzt diese Reihe fort und ermöglicht einen erweiterten Blick auf die unterschiedlichen Facetten von Exzellenz. Das Buch „Hidden Champions des Mittelstands", von dem Sie eine Ausgabe in den Händen halten, fokussiert schließlich einen weiteren wichtigen Bereich: die Sympathie.

Wert schaffen durch Werte
Nachhaltiger Unternehmenserfolg in
Zeiten der Veränderung

Kundenbegeisterung im Mittelpunkt | SSK-Gruppe: Sülzle-Stahlpartner-Kopf

At your side | Brother

Alles fließt | Nordmann Unternehmensgruppe

Immer wieder erfrischend neu | Weisses Bräuhaus G. Schneider & Sohn

Verwurzelt in der Region – für die Region aktiv | Volksbank Mittweida eG

Exzellente Unternehmen –
Die verborgenen Stars des Mittelstands
Band 1 | Dienstleistung

Begeisterte Menschen begeistern Menschen | Frisör Bachmann Intercoiffure

Herzlichkeit und Freude | Creditreform Hagen Berkey & Riegel KG

Mehr als von Nutzen | Denzhorn Geschäftsführungs-Systeme GmbH

Erfolg ist planbar | Salon HaarSchneider

Glückliche Momente schenken | KBO Management GmbH

Lebensräume mit Herz | Mainterrasse GmbH

Mitarbeiter und Kunden sind Fans | Porsche Zentrum Mannheim – Penske Sportwagenzentrum GmbH

Gästen wie Freunden begegnen | Rauschenberger Gastronomie

Mission: Recht schaffen | Resch Rechtsanwälte

Engineering made by nature | sachs engineering GmbH

Kontinuität und Neuerfindung | Elektro Saegmüller GmbH

Mit Service Menschen begeistern | Samhammer AG

Wertschöpfung durch Wertschätzung | Upstalsboom Hotel + Freizeit GmbH & Co. KG

Exzellente Unternehmen –
Die verborgenen Stars des Mittelstands
Band 2 | Produktion

Starke Grundsätze | Carl Stahl GmbH

Erfolgreiche Beziehungen leben | CAS Software AG

Lust auf Tiefbau | Deiss AG

The Menswear Concept | Digel AG

Mit Leidenschaft Komplexität vereinfachen | H&S Heilig und Schubert Software AG

Vorreiter par excellence | mailingwork GmbH

Erfahrung, Leidenschaft, Zukunft | Rathgeber GmbH

Mut zu Neuem | Storetec Systems GmbH

Erfindergeist mit Tradition | SBS-Feintechnik GmbH & Co. KG

Einfach zuverlässig | UWT GmbH

Natürlich, sympathisch, frisch | Privat-Brauerei Zötler GmbH

Corporate Excellence – Hidden Champions
des Mittelstands

Präzision erleben | awekProtech GmbH

Freunde machen Sinn | claudiusbähr+friends

Service in Excellence | Creditreform Bochum Böhme KG

Die Kunst des Gelingens | Fischer Academy GmbH

Leistung, die verbindet | Intercoiffure Deutschland

Gemeinsam. Sicher. Stark. | Unternehmensgruppe Kögel

Gelebte Unternehmenskultur | KW AG

Geht nicht, gibt's nicht | Ferdinand Scheurer GmbH

Chancen frühzeitig erkennen und erfolgreich nutzen | ST 77 Holding GmbH

Einfach echt wohnen | Stommel Haus GmbH

Wohlfühlklima mit Herzlichkeit | Zahnarzt- & Zahntechniker-Praxis Dr. Hans-Jürgen Strauß

Begeisterte Menschen für begeisternde Produkte | ZELTWANGER Holding GmbH

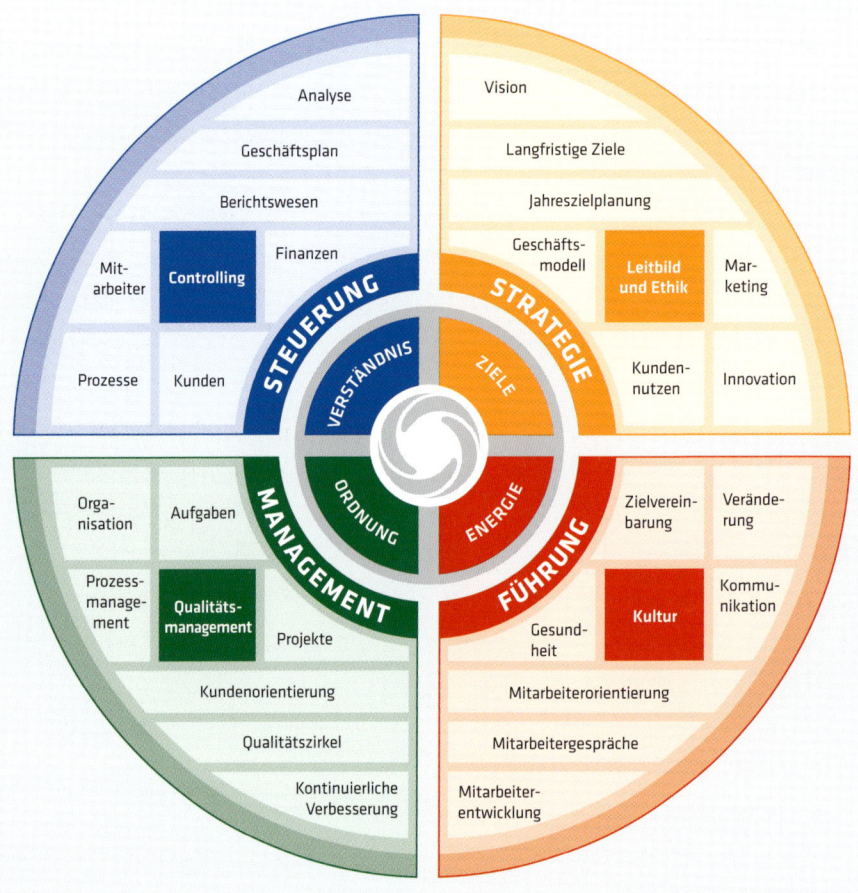

UNTERNEHMERENERGIE –
DAS EXZELLENZ-SYSTEM FÜR
UNTERNEHMER UND ENTSCHEIDER

Immer schnellere Marktveränderungen und komplexere Prozesse verlangen modernen Mittelständlern und ihren Mitarbeitern eine Menge ab. Wer mit UnternehmerEnergie arbeitet, ist auf die Herausforderungen der Gegenwart und Zukunft bestens vorbereitet. Denn neben vielen individuellen Erfolgsfaktoren ist in erster Linie das System entscheidend, mit dem ein Unternehmen geführt wird. Viele tausend Anwender über mehrere Jahrzehnte bestätigen die

Wirksamkeit von UnternehmerEnergie – einem ganzheitlichen und praktischen System für Menschen und Unternehmen, das Cay von Fournier gemäß den Bedürfnissen des 21. Jahrhunderts neu entwickelt hat.

UnternehmerEnergie ist in zwei Ebenen gegliedert: Der innere Kreis und gleichzeitig Kern des Systems ist der Bereich Lebensführung, während der äußere Kreis die Bereiche Unternehmens- und Menschenführung vereint. Jede dieser Ebenen besteht aus vier Schwerpunkten, die unmittelbar zusammenhängen und aufeinander wirken: Ziele – Strategie, Energie – Führung, Ordnung – Management und Verständnis – Steuerung. UnternehmerEnergie bietet zu jedem dieser Bereiche zahlreiche Inspirationen und praktische Handlungsanweisungen. Eine geklärte persönliche Lebensführung ist die Basis für eine erfolgreiche Unternehmensführung und Mitarbeiterführung. Viele Unternehmer haben das für sich realisiert. Ihre Werte und ihre persönliche Lebensphilosophie geben ihnen die Kraft, die Freude und die Ausrichtung, um ihr Unternehmen nachhaltig exzellent führen zu können.

LEBENSFÜHRUNG

Das System UnternehmerEnergie versteht unter Führung viel mehr als nur die damit üblicherweise gemeinte Menschenführung. Führung beginnt bei der eigenen Lebensführung. Ihr Ziel ist es, die eigene Persönlichkeit immer weiterzuentwickeln. Die vier Bereiche Ziele, Ordnung, Verständnis und Energie spielen hier die entscheidende Rolle. UnternehmerEnergie hilft Ihnen, sich Ihrer selbst bewusst zu werden und so die Grundlagen Ihres Erfolges zu schaffen, im persönlichen/privaten wie im beruflichen/unternehmerischen Bereich.

Verständnis – Um seinen Lebensweg zu gehen, muss man sich seines Standorts bewusst sein und seine Ziele kennen. Ohne diese beiden Fixpunkte (Standort und Ziel) bleibt ein Weg immer unkonkret und damit auch schwer begehbar. Die Kenntnis und das Verständnis der persönlichen Stärken und Talente leisten einen Beitrag zur Klarheit der Ziele. UnternehmerEnergie unterstützt mit einer klar strukturierten Situationsanalyse und praktischen Übungen. Dieses

Verständnis hilft, die Grundvoraussetzung für eine zukunftsorientierte Lebensführung zu schaffen.

Ziele – Ist der Standort klar, geht es im zweiten Schritt darum, die persönlichen Ziele und Wege dorthin zu definieren. Werte und Ziele sind die Grundlage eines erfüllten und zufriedenen Lebens, denn sie geben die Motive, für die sich Anstrengungen lohnen. UnternehmerEnergie bietet einen Leitfaden, der nicht nur bei der Planung und Strukturierung der Ziele, sondern ebenso bei der Entwicklung einer persönlichen Lebensphilosophie Unterstützung bietet.

Ordnung – Um die Ziele auch im Alltag umzusetzen und zu erreichen, sind Ordnung und Disziplin sehr wichtig. Es geht hier um das persönliche Management im Allgemeinen und ein gutes Zeitmanagement im Besonderen. Im Seminar UnternehmerEnergie lernen Sie diese Management-Techniken kennen und erfahren, wie Sie damit ziel- und zeitorientiert handeln.

Energie – Nur wenn Körper, Geist und Seele in Einklang sind, entsteht daraus Energie, Glück und dauerhaft anhaltende persönliche Motivation. Ein wichtiger Aspekt in diesem Zusammenhang ist das persönliche Gesundheitsmanagement, das letztlich zu unserer Lebensenergie führt. Diese Energie bestimmt im Guten wie im Schlechten, wie begeistert und energiegeladen wir sind und mit den Menschen umgehen, die uns nahestehen und für die wir Verantwortung tragen. Mithilfe dieser Lebensenergie ebnen Sie den Weg für ein erfülltes Leben.

UNTERNEHMENSFÜHRUNG

Auf der Ebene der Unternehmensführung vermittelt UnternehmerEnergie Ihnen die Kompetenzen, nicht nur „im", sondern auch „am" Unternehmen zu arbeiten und Menschen zu motivieren, um gemeinsam die gesteckten Ziele zu erreichen. Hier spiegeln sich die Bereiche der Lebensführung in Bezug auf die Unternehmensführung wider und werden zu den Dimensionen der Strategie, der Führung, des Managements und der Steuerung.

Strategie – UnternehmerEnergie heißt Strategie-Entwicklung. Im Schmidt-Colleg stehen Werte und Menschen an erster Stelle. Die Seminarteilnehmer erhalten mit UnternehmerEnergie wertvolle Inspirationen für die Ausarbeitung ihres Leitbildes. Dieses dient der Formulierung von Vision und langfristigen Zielen, fokussiert Geschäftsmodell und Marketing und spiegelt den Kundennutzen und die Innovationen wider. Mit dem System UnternehmerEnergie werden Ziele nicht nur gesetzt, sondern auch erreicht.

Führung – Exzellente Mitarbeiterführung ist der entscheidende Schlüssel zum Erfolg. Nur wenn Mitarbeiter auch motiviert mitziehen, ist eine Veränderung möglich. UnternehmerEnergie schult die Führungskompetenz und zeigt, wie Unternehmens- und Führungskulturen entstehen, gelebt und weiterentwickelt werden. Mit den praktischen Tools für Mitarbeitergespräche, Zielvereinbarungen und die Mitarbeiterentwicklung wird Führung zu einer Quelle von Energie: Burn-in statt Burn-out.

Management – UnternehmerEnergie unterscheidet deutlich zwischen Führung und Management. Wir konzentrieren uns im Management auf die Organisation der Unternehmen – sie soll mit maximaler Ordnung ablaufen. Zentraler Aspekt ist das Qualitätsmanagement. UnternehmerEnergie zeigt, wie Aufgaben, Projekte und Prozesse effektiv gestaltet werden können, wie kontinuierliche Verbesserungen und Qualitätszirkel gemanagt werden und gibt wertvolle Impulse, um die Organisation eines Unternehmens zu optimieren.

Steuerung – Ein gutes Controlling ist für eine gute Unternehmensführung unerlässlich. UnternehmerEnergie zeigt mithilfe praktischer Analysetools, wie Unternehmen effektiv mit Geschäftsplan und Berichtswesen arbeiten und gibt Anleitungen zur realistischen Finanzplanung. Mitarbeiter, Organisation und Kunden sind Bestandteil des strategischen Controllings. Durch die holistische Betrachtung der Daten steigt das Verständnis für die Zusammenhänge. Die ermittelten Zahlen geben Aufschluss darüber, ob es einen Handlungsbedarf in den Bereichen Management, Führung oder Strategie gibt.

SchmidtCollegTage – ein Treff Gleichgesinnter

ANGEBOTE RUND UM UNTERNEHMERENERGIE

Neben Seminaren und Workshops zu vielfältigen Themen bietet SchmidtColleg außerdem die perfekte Plattform, sich mit Gleichgesinnten auszutauschen und das persönliche Netzwerk zu pflegen. Vielfältige Anregungen zur Weiterentwicklung Ihres Unternehmens, zugeschnitten auf die Bedürfnisse des Mittelstands, erhalten Sie zum Beispiel durch:

- **SchmidtCollegTage:** Zweimal jährlich lädt das SchmidtColleg zu den CollegTagen, der Konferenz für den Mittelstand, nach Bayreuth ein. Dort trifft sich die große „SchmidtColleg-Familie", um sich von spannenden und aktuellen Themen hochkarätiger Referenten inspirieren zu lassen.

- **UnternehmerTage:** Regelmäßig finden die UnternehmerTage in verschiedenen Regionen statt. In diesem Rahmen erhalten Sie wertvolle Impulse durch Vorträge und Diskussionen sowie persönlichen Gedankenaustausch.

- **Tagesseminare:** Die beliebten SchmidtColleg-Tagesseminare sind erfrischende „Kicks" für Ihre Motivation und die Ihrer Mitarbeiter. Verschaffen Sie sich verblüffende neue Perspektiven und gehen Sie mit vielen eindrucksvollen Anregungen an deren Umsetzung heran.

- **Individuelle Umsetzungsbegleitung:** Als Wegbegleiter ist SchmidtColleg an Ihrer Seite und unterstützt Sie umfassend in Ihrem persönlichen Umsetzungsprozess von UnternehmerEnergie.

UNTERNEHMERENERGIE
BUSINESS COACHING
QUALIFIZIERUNG

Das Exzellenz-System für
Unternehmer und Entscheider

DIE PRAKTISCHE QUALIFIZIERUNG, UM MENSCHEN ZU MOTIVIEREN, ORGANISATIONEN ZU VERBESSERN UND VERÄNDERUNG ZU BEWIRKEN

Das System UnternehmerEnergie ist seit vielen Jahren in der Praxis erprobt. Dabei wünschen sich die meisten Anwender eine gezielte Unterstützung bei der Umsetzung unseres praktischen Führungssystems. Das SchmidtColleg zeichnet aus, dass wir schon immer nach dem Montessori-Prinzip vorgegangen sind. „Helfe mir, es selbst zu können." Umso konsequenter ist nun unser Angebot einer UnternehmerEnergie Business Coaching Qualifizierung. Diese unterstützt Unternehmer, Führungskräfte oder auch bestimmte Mitarbeiter darin, mit den Methoden von UnternehmerEnergie Veränderungen im Unternehmen zu bewirken. Damit gibt es „Umsetzungsbeauftragte für UnternehmerEnergie", die wir mit dieser Qualifizierung ganz konkret, kompetent und praktisch unterstützen möchten. Mit unseren Seminaren haben wir schon vieles bewirken dürfen. Nun möchten wir Sie praxisnah befähigen, die Umsetzung von UnternehmerEnergie mit Begeisterung voranzubringen. Aus dem professionellen „Know-how" wird ein erfolgreiches „Do-how"!

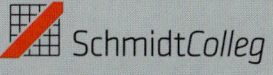

Die Plattform für Unternehmer und Entscheider

Für weitere Informationen:
SchmidtColleg GmbH & Co. KG
Markt 11
95679 Waldershof
Telefon +49 (0) 92 31. 50 51-0
info@schmidtcolleg.de
www.schmidtcolleg.de

NACHHALTIGER ERFOLG MIT SYSTEM

DIE EVALUATION UND ZERTIFIZIERUNG VON UNTERNEHMERENERGIE

Das Führungssystem UnternehmerEnergie ist seit vielen Jahren in der Praxis erprobt. Als gezielte Unterstützung beim Umsetzungsprozess bieten wir unseren Anwendern die Möglichkeit, sich auf Basis von UnternehmerEnergie kontinuierlich weiterzuentwickeln und diesen Fortschritt auch zertifizieren zu lassen. Das übergeordnete Ziel ist dabei, das „Betriebssystem UnternehmerEnergie" als Impulsgeber zur Gestaltung eines eigenen Managementsystems und für die Reise auf dem Weg der Exzellenz erfolgreich in Ihrem Unternehmen einzuführen und umzusetzen.

Die Zertifizierung erfolgt in den drei Stufen „UnternehmerEnergie Anwender", „UnternehmerEnergie Exzellenz-Anwender" und „UnternehmerEnergie Award-Gewinner". Sie basiert auf der Kombination des Systems UnternehmerEnergie mitsamt seinen relevanten Inhalten und des Bewertungsmodells „SEAL", das einen „KVP/Innovations-Motor" für die kontinuierliche Unternehmensentwicklung darstellt und den Reifegrad der umgesetzten Inhalte bestimmt.

Im Rahmen einer ganzheitlichen Evaluation erhalten Sie und Ihr Unternehmen:

- eine externe Bewertung des Status quo

- ein klares Feedback zu Ihrem Standort

- eine Anerkennung über bereits erzielte Leistungen

- einen Ansporn für die kontinuierliche Weiterentwicklung auf Basis klarer Stärken und Entwicklungsfelder

Gemeinsam mit einem unserer UnternehmerEnergie-Coaches beantworten Sie in einem 1-tägigen Evaluationsworkshop unter anderem folgende Fragen:

- Wo stehe ich auf meinem Weg der Umsetzung von UnternehmerEnergie?

- Wo liegen meine Stärken und Entwicklungsfelder?

- Welchen Reifegrad erreicht mein Unternehmen?

- Was sind die nächsten Schritte auf meinem Weg und mit welchen Maßnahmen kann ich diese gezielt umsetzen?

- Wie erreiche ich einen nachhaltigen und kontinuierlichen Verbesserungsprozess?

Bringen Sie Ihre ganzheitliche Unternehmensentwicklung mit UnternehmerEnergie voran. Gerne beraten wir Sie: info@schmidtcolleg.de

Das Exzellenz-System für Unternehmer und Entscheider

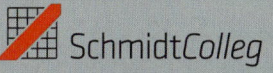

Die Plattform für Unternehmer und Entscheider

Für weitere Informationen:
SchmidtColleg GmbH & Co. KG
Markt 11
95679 Waldershof
Telefon +49 (0) 92 31. 50 51-0
info@schmidtcolleg.de
www.schmidtcolleg.de

DAS TEAM

Ich danke dem exzellenten Team, das mich unterstützt hat und ohne das dieses Projekt nicht Realität geworden wäre.

Herzlichen Dank dafür.

REDAKTION & TEXTE

Hilmar Wollner ist Mann der ersten Stunde im Schmidt-Colleg. Bereits zu Beginn der 80er Jahre des vergangenen Jahrhunderts arbeitete er mit Josef Schmidt, dem Gründer von SchmidtColleg und geistigen Vater des Systems UnternehmerEnergie, an der »Urfassung« des gleichnamigen Lehrwerks. Er war erster Mitarbeiter im SchmidtColleg.
www.schmidtcolleg.de

REDAKTION & TEXTE

Nathalie Sallie ist Marketing-Assistentin im Schmidt-Colleg. 2014 hat sie ihr Studium als „Master of Arts Medienmanagement" an der Mediadesign Hochschule Berlin mit Schwerpunkten wie Kommunikationspolitik, Markenaufbau und strategische Unternehmensführung abgeschlossen. Seit dem 01.07.2015 verstärkt sie das SchmidtColleg-Team im Büro Waldershof in der Oberpfalz.

PROJEKTLEITUNG & KONZEPTION

Dr. Silvia Danne hat bei dem Marketingpionier Prof. Meffert promoviert, berät mittelständische Unternehmen sowie Konzerne und überzeugt als Vortragsrednerin und Buchautorin. Mit fundiertem Know-how, hohem Praxisbezug und großer Leidenschaft denkt sie voraus – für ein Marketing, das konsequent auf Emotionalisierung und Communiting setzt.

www.drdanne.de

GESTALTUNG & KONZEPTION

Verena Lorenz begeistert mit außergewöhnlichen Ideen, absoluter Professionalität und einem umfassenden Leistungsspektrum. Sie erhielt bereits viele renommierte Design-Preise wie den red dot award. Ob bei Unternehmensbuch, Corporate Design oder Website – ihre Arbeit überzeugt die Kunden und macht Verena Lorenz zu einer absoluten Ausnahmedesignerin.

www.verenalorenz.com

DR. DR. CAY VON FOURNIER

Mit Leidenschaft zur Exzellenz

Cay von Fournier konzentriert sich auf ganzheitliche Unternehmensführung. Mit Leidenschaft begleitet er viele Unternehmen auf dem Weg der Exzellenz. Als Redner, Trainer, Unternehmer, Arzt und Buchautor lautet sein Credo: **Durch konsequent gesunde Führung und gelebte Werte entstehen exzellente Unternehmen.**

MENSCHEN UND WERTE IM FOKUS

Die Zeit ist reif für einen globalen Entwicklungssprung hin zum Faktor „Mensch". Cay von Fournier spricht daher vom beginnenden Bewusstseinszeitalter. Er setzt sich mit grundlegenden Lebensfragen auseinander und sieht die Wirksamkeit und Notwendigkeit gelebter Werte. Darüber schreibt er in Büchern und Zeitschriften und teilt seine Erkenntnisse in Vorträgen und Seminaren.

Mit Leidenschaft zur Exzellenz, das ist das große Thema des promovierten Betriebswirts und Chirurgen. Für ihn ist damit sowohl eine systematische Unternehmensführung als auch eine gesunde Lebensweise verbunden. Nur so können Unternehmen und Menschen dauerhaft erfolgreich sein. Seit 2002 führt Cay von Fournier das SchmidtColleg. Dort bietet er mit „UnternehmerEnergie"

ein ganzheitliches Führungssystem mit praxiserprobten Werkzeugen an, das sich schon vielfach bewährt hat.

HUMANE MARKTWIRTSCHAFT

Cay von Fournier steht für den Wandel hin zu einer „Humanen Marktwirtschaft". Unternehmen müssen sich umorientieren und verändern, wenn sie in Zukunft die Bedürfnisse der Kunden und der Gesellschaft erfüllen wollen. Cay von Fournier unterstützt Organisationen darin, eine ganzheitliche Leistungsorientierung zu schaffen, in der ein wirklicher Nutzen für die Mitmenschen im Fokus steht und die Unternehmensaktivitäten zur Entfaltung der Potenziale aller beitragen können.

DEN MENSCHEN BERÜHREN

Cay von Fournier bewegt Menschen. Er inspiriert zu neuen Einsichten und Ideen und bringt seine Zuhörer und Leser dazu, alte Glaubenssätze hinter sich zu lassen. Häufig gibt er die Initialzündung für einen tief greifenden persönlichen und unternehmerischen Entwicklungsprozess. Mit klaren Worten, frisch und lebendig bringt er selbst komplexe Zusammenhänge auf den Punkt. Globale Trends, neue Denkmodelle und Praxisbeispiele werden von ihm leicht verständlich und einprägsam vermittelt.

Mehr Informationen unter:
Dr. Dr. Cay von Fournier
Im Stöckli 45
CH-8854 Galgenen

Ihre Ansprechpartnerin:
Beate Schulze
Telefon +41 71 222 3055
info@cayvonfournier.com
www.cayvonfournier.com

LUDWIG-ERHARD-PREIS –
BUSINESS EXCELLENCE NACH EFQM

WAS IST EXCELLENCE?

Stellen Sie sich vor, dass alle Organisationen in einer eindimensionalen Welt existieren, die nur die beiden Pole Chaos und Perfektion kennt. Im Chaos sind Fehlleistungen an der Tagesordnung und es wird kein Aufwand in deren Verhinderung gesteckt. Die Perfektion zeichnet sich dagegen durch die totale Abwesenheit von Fehlleistungen aus, dafür wird maximaler Aufwand in deren Vermeidung gesteckt. Es stellt sich die Frage, wo auf dieser Achse sich die exzellenten Organisationen positionieren. Schaut man sich die Kurve an, so erkennt das geübte Auge sofort ein Optimum: die Aufstellung, in der die Summe der Aufwände für Fehlleistungen und Prävention den kleinsten Wert annimmt. Es wäre legitim, zu überlegen, dass es für exzellente Organisationen klug wäre, dieses Optimum zu nutzen, denn es verspricht die maximale Rendite. Wir müssen allerdings betrachten, dass bestimmte Interessengruppen – insbesondere Kunden – eine klare Erwartungshaltung an die Organisation hegen. Daher werden wir die exzellenten Organisationen rechts des Optimums finden. Sie besetzen ein zweites Optimum, nämlich die Position, in der der zu betreibende Aufwand in einem gesunden Verhältnis zu den Erwartungen der Kunden steht und auch alle anderen Interessengruppen diese Lage akzeptieren. Im Zeitalter der Kundenbegeisterung suchen die exzellenten Organisationen nach dem Wettbewerbsvorteil begeisterter und gebundener Kunden, ohne ihr Eigeninteresse hinsichtlich der Rendite aus dem Auge zu verlieren. Excellence ist daher die gelebte Balance zwischen den unterschiedlichen Erwartungen der Interessengruppen. Vielleicht hilft die Reflexion anhand des Excellence-Modells auch Ihrer Organisation, diese Lage optimal einzunehmen.

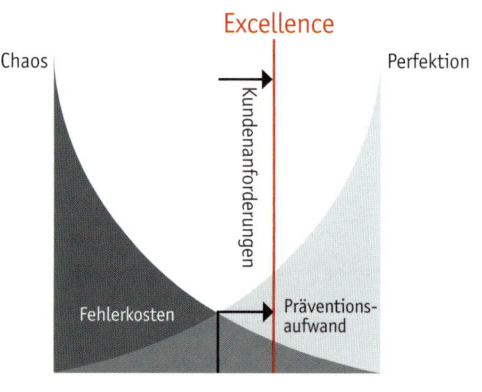

BUSINESS EXCELLENCE WIRKT

Um das Unternehmen nachhaltig erfolgreich zu managen, liegt es nahe, die Interessen aller Interessengruppen, die sich teilweise wechselseitig ausschließen, zu berücksichtigen. Das Management des Unternehmens hat nun zwei Ebenen der Bearbeitung dieses Problems: Strategisch gilt es, sich auf eine Ausrichtung festzulegen. Diese Entscheidung, die meist perspektivische Auswirkungen hat, sollte auf Basis einer fundierten Überlegung erfolgen. Der Excellence-Ansatz bietet dazu die Selbstbewertung als Methode an. Erst wenn die strategische Ausrichtung klar ist, kommt die operative Ebene zum Tragen, die den Unterschied zwischen einer guten Idee und einer guten Umsetzung ausmacht.

WIE GESTALTET SICH „EXCELLENCE FÜR DEUTSCHLAND"?

Seit unserer Gründung in den 90er Jahren arbeitet die Initiative Ludwig-Erhard-Preis an der Verbreitung des Excellence-Gedankens. Wir zählen über 3.000 Anwenderorganisationen in Deutschland – Tendenz steigend. Dabei sind wir als deutscher Partner der EFQM Multiplikator für deren Produkte und Leistungen und erarbeiten daneben eigene Leistungen, wie z. B. das Excellence-Handbuch im Symposion-Verlag. Wir erwarten, dass Excellence für Deutschland angesichts der aktuellen Herausforderungen für die Organisationen in Deutschland an Bedeutung weiter gewinnt und mithilfe unserer Partner in Deutschland eine wachsende Verbreitung erreicht. Wenn Sie Interesse an unserer Sache entwickelt haben, so würden wir uns freuen, in Ihnen einen weiteren Mitstreiter für den Excellence-Gedanken gefunden zu haben. Der Excellence-Ansatz nimmt Einfluss auf die operativen Systeme und hilft Ihnen, diese optimal zu steuern. Daraus ergeben sich Synergie-Chancen, die Sie im Sinne des integrierten Management-Ansatzes ausschöpfen können. Weitere Gedanken dazu finden Sie in unserem Excellence-Leitfaden. Gestalten Sie aktiv Ihre Organisation und werden Sie ein Teil unserer Initiative.

Mehr Informationen unter:
Initiative Ludwig-
Erhard-Preis e.V.
Ludwig-Erhard-Str. 16a
61440 Oberursel
Telefon +49 6171 8876881
am@ilep.de
www.ilep.de

OSKAR-PATZELT-STIFTUNG –
NETZWERK DER BESTEN

In der Presse (auch in der Wirtschaftspresse) wird meistens nur über die großen Konzerne berichtet. Die kleinen und mittleren Unternehmen, die immerhin für 50 Prozent der deutschen Wirtschaftsleistung verantwortlich sind, werden meist nur in Randnotizen erwähnt. Mit dem vorliegenden Buch geben wir den exzellenten mittelständischen Unternehmen ein Gesicht und würdigen ihren großen Einsatz. Die Förderung des deutschen Mittelstands liegt uns sehr am Herzen und wir freuen uns über alle Aktivitäten und Projekte, die uns dabei unterstützen.

Auch die Oskar-Patzelt-Stiftung hat sich dem deutschen Mittelstand verschrieben. Jedes Jahr werden bundesweit tausende kleine und mittlere Unternehmen, Banken und Kommunen für den Wettbewerb „Großer Preis des Mittelstandes" nominiert, der schon seit über zwei Jahrzehnten eine große Resonanz erhält.

Insgesamt kommen über 100 Juroren in 14 regionalen Jurys zusammen, um über die jährlichen Preisträger zu entscheiden. Für ihren außergewöhnlichen Einsatz wurde die Stiftung im Jahr 2008 mit dem Bundesverdienstkreuz und im Jahr 2015 mit dem „Company Change Award" für das Unternehmen mit der besten Change-Kultur geehrt.

Doch warum dieser Einsatz? Dr. Helfried Schmidt, Vorstand der Oskar-Patzelt-Stiftung, erklärt: „Mittelstand, das ist gelebte unternehmerische Eigenverantwortung bei immerwährendem Konkurrenzdruck und bei stets unsicheren politischen Rahmenbedingungen. Mittelstand schafft existenzielle Sicherheit. Da werden Lebenswerke geschaffen und das Lebenswerk anderer wird geachtet. Mittelstand – dieses Wort sollte alle mit Stolz erfüllen."

Und Petra Tröger, ebenfalls Vorständin der Oskar-Patzelt-Stiftung, ergänzt: „Der bundesweite Wettbewerb ‚Großer Preis des Mittelstandes' ist nicht nur überregional, er ist auch branchenübergreifend. Deshalb kommen im Netzwerk dieses Wettbewerbes immer wieder Firmen und Menschen zusammen, die sich in ihrer täglichen Arbeit oder Freizeit nie getroffen hätten – und sich dennoch gegenseitig auf Anhieb verstehen. Häufig haben sich daraus fruchtbare Kontakte entwickelt, Geschäfte wurden angebahnt, Freundschaften sind entstanden."

Als Mitglied der Abschlussjury unterstützt auch Dr. Dr. Cay von Fournier, geschäftsführender Gesellschafter von SchmidtColleg, den „Großen Preis des Mittelstands". Er kann allen UnternehmerEnergie-Anwendern die Teilnahme an einem solchen Wettbewerb wärmstens empfehlen: „Sie gehören bereits zum Kreis der besten mittelständischen Unternehmen – und das können Sie in solch einem Wettbewerb auch unter Beweis stellen."

Dr. Helfried Schmidt und Petra Tröger bei der Würdigung hervorragender Leistungen mittelständischer Unternehmen

Oskar-Patzelt
STIFTUNG
INITIATIVE FÜR DEN
MITTELSTAND

Mehr Informationen unter:
Oskar-Patzelt-Stiftung
Melscher Straße 1
04299 Leipzig
Telefon +49 341 2406100
info@op-pt.de
www.mittelstandspreis.com

IN STILLEM GEDENKEN AN WAHRE „HIDDEN CHAMPIONS"

Es liegt in der Natur unseres Lebens, dass wir nur zu Besuch auf diesem wunderschönen Planeten sind. Manche Menschen wirken während ihrer Lebenszeit und darüber hinaus in besonderer Weise. Sie haben viel Gutes getan und viele Menschen berührt und motiviert. So wie es diese drei Unternehmer getan haben, die für mich wahre „Hidden Champions" waren. Sie starben im Jahr 2016 und waren exzellente Umsetzer und begeisterte Anwender von UnternehmerEnergie, Harald Brust sogar Preisträger des UnternehmerEnergie Awards 2002.

So ist es mir ein ganz besonderes Anliegen, das Leben und Wirken dieser Menschen an dieser Stelle zu würdigen und ihr Andenken an sie auf meine Art für die Zukunft zu bewahren. Niemand ist wirklich tot, solange wir noch liebevoll an ihn denken.

HARALD BRUST

Harald Brust war ein außergewöhnlicher Unternehmer. Er gründete das Unternehmen Brust & Partner. Das Unternehmen bietet höchste Qualität auf dem Gebiet der Ladeninneneinrichtung, hauptsächlich für Bäckereien. Es gibt kaum einen Bäcker in Deutschland, der den Namen nicht kennt. Brust & Partner ist quasi der Mercedes der Ladeneinrichtungen. Mit seinem Partner Siggi Dumm führte Harald das Unternehmen zu voller Blüte und zu einem echten „Hidden Champion". Ein Unternehmen ist ein schöpferisches Werk und den Unternehmer, der dieses erschafft, kann man mit einem Künstler vergleichen. Dazu muss man als Unternehmer leidenschaftlich, inspirierend, fröhlich und ein Freund von Menschen sein. Um Menschen führen zu können, muss man Menschen auch mögen. Harald Brust hat die Menschen gemocht und ist allen, die ihn kennenlernen durften, liebevoll in Erinnerung.

Meine Begegnungen mit Harald waren hauptsächlich auf unseren Schmidt-CollegTagen. Wir standen am Abend oft an der Bar und philosophierten über das Leben, die Welt und unsere Unternehmen. Er war ein großer Fan von UnternehmerEnergie. Heute noch verwende ich das für mich außergewöhnliche Organigramm von Brust & Partner in meinen Seminaren. Es zeigt einen idealen Ansatz für agile Organisationsformen und wurde lange bevor dieses Thema in die aktuelle Managementliteratur Einzug hielt entwickelt. Harald war ein Visionär und ein exzellenter Verkäufer, der so vielen Kunden unermesslichen Nutzen geboten hat. Daher steht auch der Kundennutzen im Zentrum dieses Organigramms. Ich habe viel von Harald gelernt und vermisse ihn – nicht nur als Kunden, sondern vor allem als Mensch.

ROLF GRASSE

Rolf Grasse hat eine große Steuerberatungs-
kanzlei im Norden Deutschlands aufgebaut. Wir
trafen uns zum ersten Mal in der Nähe von
Lübeck. Es war eines meiner ersten Seminare für
seine Mandanten, die ich halten durfte, noch
ehe ich Inhaber von SchmidtColleg wurde. Rolf hatte seine besten Kunden
versammelt und ein exklusives UnternehmerEnergie-Seminar für sie ausge-
schrieben. Alles war perfekt organisiert und ich traf außergewöhnliche
Menschen, von denen heute noch die meisten treue UnternehmerEnergie-
Anwender und SchmidtColleg-Kunden sind. Auch das ist ein offenes Geheimnis:
Großartige Menschen wie Rolf Grasse ziehen großartige Menschen an und
sie inspirieren sich gegenseitig zu immer besseren Leistungen. Einen funkti-
onierenden Partnerkreis aufzubauen ist keine leichte Aufgabe, aber Rolf
Grasse hat sie mit Bravour gemeistert. Ebenso wie er in seiner zweiten
Lebenshälfte seine zweite Frau gefunden hatte. Besondere Menschen ziehen
sich an. Und eine persönliche Geschichte möchte ich hier noch anfügen,
weil sie uns beide nicht nur im Geist von UnternehmerEnergie verbunden
hat, sondern auch in unserer Leidenschaft für einen bestimmten, schönen
Sportwagen, den sich Rolf kurz vor unserem damaligen Seminar gekauft
hatte. Der Wagen war sein ganzer Stolz. Ich glaube, er hatte das Baujahr
1993. Ich bewunderte damals seine neue Errungenschaft und er ließ mich
eine Probefahrt machen. Da ich so begeistert war und wir uns nach dem nun
bevorstehenden Wochenende wenige Tage später zu einem Vortrag in Lübeck
wiedersehen sollten, hatte er mir den Wagen doch tatsächlich über die
ganzen Tage geliehen. Das war extrem großzügig und ich war die ersten Tage
meines Lebens luftgekühlt (also im Cabrio) unterwegs. Ein Jahr später kaufte
ich mir den gleichen Wagen, der heute noch in meiner Garage steht und
mich immer wieder an Rolf erinnert. Ein ganz besonderer Mensch und ein
„Hidden Champion". Wie Harald Brust erlag Rolf Grasse dem Leiden, das auch
das Leben des Apple-Gründers Steve Jobs beendete.

PAUL HOFFMANN

Mein Freund Paul fliegt nicht mehr. In der Luft war er ein souveräner Pilot und am Boden ein großartiger Mensch. Seine Firma datacom gehört zu den „Hidden Champions" im Bereich der Datensicherheit. Schon sehr früh beschäftigte sich Paul mit diesem wichtigen Thema. Er war ein Pionier auf diesem Gebiet. Paul lebte UnternehmerEnergie und war Teilnehmer bei vielen SchmidtCollegTagen. Er nutzte die vielen Inspirationen, um sein eigenes Unternehmen noch besser zu machen. Uns beide verband ein Hobby, die Fliegerei. Wir verbrachten eine ganze Reihe von Stunden zusammen im Cockpit. Die Zeit zusammen mit einem lieben Menschen ist das wertvollste, was wir im Leben haben. Dabei war Paul für mich immer ein Vorbild – nicht nur in der Luft. Er zeigte einem, wie gut die Balance zwischen Beruf, Ehe und Hobby funktionieren kann und dabei war er effektiv und gesellig zugleich, nie gehetzt und immer fröhlich. Das ganzheitliche Führungssystem UnternehmerEnergie spiegelte sich bei ihm in einer ganzheitlichen Lebensführung wider. Menschen, die ihn erleben durften, können sich wahrscheinlich an fast jede Begegnung mit ihm erinnern. Wir leben, wenn wir lachen. Und zu lachen gab es bei den Begegnungen mit Paul stets viel. Seine liebe Frau Roswitha war sein fester Halt und sein großartiger Sohn Sascha die logische Folge einer Liebe, die wohl über dieses Leben hinausreicht. Es ist großartig, wenn sich zwei solche Menschen finden. Neben vielen Flügen mit ihm sind für mich die Erlebnisse über den Ostfriesischen Insel in besonderer Erinnerung. Wir flogen Helgoland an und landeten dort. Es war ein Kindheitstraum von mir, dieses Ziel einmal anzufliegen. Mit Paul war das ganz leicht. Für mich sind es unvergessliche Bilder, die immer in meinem Kopf bleiben werden. Mein Freund Paul fliegt nun in einer anderen Welt. Ein tragischer Unfall beendete sein Leben. Ein Unfall, an dem er völlig schuldlos war. Der Tod von Paul machte mir einmal mehr deutlich, wie wichtig jeder Moment des Lebens ist, vor allem die Momente mit Menschen, die wir lieben.

Bibliografische Information der Deutschen Nationalbibliothek

Die Deutsche Nationalbibliothek verzeichnet diese Publikation in der Deutschen Nationalbibliografie; detaillierte bibliografische Daten sind im Internet über http://dnb.d-nb.de abrufbar.

ISBN: 978-3-943879-06-3

Es wird darauf verwiesen, dass alle Angaben in diesem Buch trotz sorgfältiger Bearbeitung ohne Gewähr erfolgen und eine Haftung der Autoren oder des Verlags ausgeschlossen ist.

Bildnachweise:
S. 4 Hermann Simon; S. 6 Michael Zargarinejad; S. 17 Christian Müller ; S. 29 Raimund Linke Radius, F1online; S. 35 Martin Barraud Caia Image, F1online, S. 44, 45, 46, 48, 52, 53, 54, 55 Alex Stiebritz; S. 57 SchmidtColleg GmbH & Co. KG; S. 58, 59, 60, 62, 67, 68, 69 Brem + Schwarz Elektroinstallationen AG; S. 71 SchmidtColleg GmbH & Co. KG; S. 72, 73, 74, 76 communicall GmbH; S. 86, 87, 88, 90, 93, 96, 97, 98 Feldmann GmbH & Co. KG; S. 99 SchmidtColleg GmbH & Co. KG; S. 100, 101, 102, 104, 109 GC-heat Gebhard GmbH & Co. KG; S. 111 Leif Schmittgen; S. 113 SchmidtColleg GmbH & Co. KG; S. 114, 115, 116 Krieger + Schramm Unternehmensgruppe; S. 118 Benjamin Kummer; S. 123 Krieger + Schramm GmbH & Co. KG; S. 125 Stefan Kröger; S. 126 Krieger + Schramm GmbH & Co. KG; S. 127 SchmidtColleg GmbH & Co. KG; S. 128, 129 adogslifephoto, fotolia.com; S. 130, 132, 137 Reico & Partner Vertriebs GmbH; S. 140 Schmidt-Colleg GmbH & Co. KG; S. 142, 143, 144, 146, 147, 148 Penske Sportwagen Hamburg GmbH; S. 157 SchmidtColleg GmbH & Co. KG; S. 158, 159, 160, 162, 165, 168, 169 REWE Wintgens oHG; S. 171 SchmidtColleg GmbH & Co. KG; S. 172, 173, 174, 176, 182, 183, 184, 185, 186 Star Finanz-Software Entwicklung und Vertriebs GmbH; S. 187 SchmidtColleg GmbH & Co. KG; S. 188, 189, 190, 192, 194, 198, 199 Stegmaier Nutzfahrzeuge GmbH; S. 201 SchmidtColleg GmbH & Co. KG; S. 202, 203 Adriano Castelli, Shutterstock.com, Rawpixel.com, Shutterstock.com; S. 204, 205, 208 WWM GmbH & Co. KG, S. 215 SchmidtColleg GmbH & Co. KG;

Texte: Cay von Fournier, Silvia Danne, Hilmar Wollner, Nathalie Sallie
Lektorat: Lisa Lober, Kathrin Karban-Völkl
Umschlag, Satz und Layout: Verena Lorenz, München
Druck: Spintler Druck und Verlag GmbH, Hochstraße 21, 92637 Weiden i. d. Opf.